Ein Kätzchen kommt ins Haus

Frisch gewetzt

Kratzen und Krallenschärfen dient nicht nur der Maniküre. Durch das Kratzen hinterlässt die Katze Duftspuren und setzt eindeutige Zeichen: Ich war hier!

Gut gefaucht, Tiger!

Das Kätzchen tut seinen Unmut durch Fauchen und angelegte Ohren kund. Hier herrscht dicke Luft!

Klein mit Hut

Mit einem Blick wird das aufmüpfige Kätzchen in seine Schranken gewiesen. Es macht sich klein und legt die Ohren an.

Ja, wer bist du denn?

Das Kätzchen begegnet zum ersten Mal in seinem Leben einer Ratte. Beide sind noch unsicher, was sie von dem anderen halten sollen. Doch das ist nicht lange so! Katzen sind geborene Jäger und es ist nicht ratsam, die beiden unbeaufsichtigt zu lassen.

Katzenwäsche

Katzen sind reinliche Tiere und legen sehr viel Wert auf Körperpflege. In entspannter Atmosphäre werden die Pfoten gesäubert und das Gesicht gewaschen.

Attacke!

Die beiden toben miteinander. Wenn zwei Katzen spielen, gehören Angriff und Abwehr, Pfotenhiebe (ohne Kralleneinsatz) und kurze Verfolgungsjagden dazu.

Rückenlage

Wenn das Kätzchen auf dem Rücken liegt, ist es ganz und gar nicht hilflos. Denn jetzt hat es alle vier Pfoten und das Mäulchen frei, um zurückzuschlagen. Hier trifft es zum Glück nur die Spielmaus.

Spitzenathleten

Katzen sind wahre Bewegungskünstler. Kein Balanceakt ist zu gewagt, kein Platz zu hoch, kein Sprung zu weit, und alles wird mit einer geschmeidigen Punktlandung absolviert.

Sieh nur, wie groß ich bin!

Durch den Drohbuckel versucht sich das Kätzchen größer zu machen, als es ist, um den Gegner einzuschüchtern. Dabei wird gefaucht und gespuckt, auch wenn es sich gar nicht so mutig fühlt.

Schlaf der Gerechten

So himmlisch schlafen und ruhen können beinah nur Katzen. Wir dürfen sie ruhig ein wenig beneiden, aber nicht stören.

Inhalt

1

Kaufen und versorgen 8

2

Ernähren und pflegen 34

3

Verstehen und beschäftigen 54

Inhalt

4

5

Verstehst du mich? 88

6

Siehst du, was ich sage? 118

1

Kaufen und versorgen

Ein guter Start

Vertrauen von Anfang an

Ein Kätzchen erobert im Nu die Herzen der Familie. Charmant wickelt es jeden ein. Und auch der wird bezaubert sein, der dem Katzenwunsch erst skeptisch gegenübergestanden haben mag. Aber spätestens, wenn sich der kleine Wirbelwind ausgetobt hat und sich auf Schoß oder Schultern einrollt, wird Liebe daraus. Wer kann sich schon einem so süßen Etwas widersetzen?

Wohnungskatzen sind nicht gern allein. Wenn Sie wenig Zeit haben, freut sich Ihr Kätzchen über einen Katzenkumpel.

Unbekümmert und frech

Es wirbelt durch die Wohnung und ist dabei so niedlich, zart und schutzbedürftig, dass jeder in der Familie Muttergefühle entwickelt. Wo ist es? Schläft es? Hat es gefressen? Jeder sorgt sich. Das merkt ein Kätzchen schnell. Und es sieht auch, dass es sich einiges an Frechheiten herausnehmen darf. Und das ist viel mehr als das, was die Katzenmutter geduldet hätte. Genau genommen erwartet ein Kätzchen instinktiv, dass es bei anderen gelegentlich auf Widerstand stößt und sich an Verbote halten soll. Deshalb ist Erziehung von Anfang an der beste Weg zu einem unbeschwerten Miteinander.

→ Katze oder Kleintier?

Eine Katze lebt im Gegensatz zum Kleintier frei in der Wohnung, springt auf Stühle, Tische und Schränke und erreicht fast alles, was nicht ein- oder weggesperrt ist. Sie muss daher erzogen werden und das kostet ein wenig Mühe. Angenehm ist es, dass Katzen stubenrein sind. Aber ihre wunderbarste Eigenart ist, dass sie von selbst zum Schmusen kommen und dabei mit lautem Schnurren ihr Wohlbehagen zeigen. Ein Kleintier wie Meerschweinchen, Kaninchen oder Hamster kann da nicht mithalten.

Streicheln ja, Streiche nein

So manche Unart, die man nicht direkt verboten hat, kann das anfänglich so gute Verhältnis zum Kätzchen trüben. Denken Sie nur an seine Freude, auf Hände und Füße Jagd zu machen. Kleine Krallen tun noch nicht weh, aber die Pranken eines ausgewachsenen Katers können ziemlich verletzen. Das Kleine muss gleich erfahren, was es darf und wo die Grenzen sind. Das ist bei einem Jungtier noch einfach, obwohl auch schon ein zwölf Wochen altes Kätzchen seinen eigenen „Kopf" hat und bereits Charakterzüge mitbringt, die es einzigartig sein lassen.

Am liebsten zu zweit allein

Von ihrer Abstammung her sind Katzen eher Einzelgänger, allerdings sehr anpassungsfähige. Eine Katze, die unter behüteten Umständen aufwächst, legt aufs Alleinleben gar keinen Wert und zwei Katzen, die immer zusammen waren, werden auch als ausgewachsene Tiere Freunde bleiben.

Test

Sind Sie Katzen-fit?

Stellen Sie sich folgende Fragen und beantworten Sie diese ehrlich mit „ja" oder „nein".

- ☐ **Bin ich bereit, Tag für Tag für meine Katze zu sorgen, und das ihr Leben lang (12–18 Jahre)?**
- ☐ **Erlaubt der Vermieter/die Hausgemeinschaft die Haltung einer Katze?**
- ☐ **Stört es mich auch nicht, wenn Haare durch die Wohnung fliegen oder das Sofa Kratzspuren abbekommt?**
- ☐ **Habe ich genügend Geld, um für die laufenden Kosten inklusive Tierarzt aufzukommen?**
- ☐ **Habe ich ausreichend Zeit, um mich um das Kätzchen zu kümmern, es zu pflegen und zu beschäftigen?**
- ☐ **Sind alle Familienmitglieder frei von Allergien?**
- ☐ **Gibt es eine Urlaubsvertretung, die das Kätzchen versorgt oder kann ich es mitnehmen?**
- ☐ **Darf die Katze Katze bleiben? Als Ersatzhund oder Kindersatz eignet sie sich nicht!**

Haben Sie alle Fragen mit „ja" beantwortet? Prima! Dann sind Sie reif für ein Kätzchen.

Ist Ihr Kätzchen eingezogen, liegen die „Mutterpflichten" bei Ihnen. Natürlich auch so angenehme wie füttern und streicheln.

Ihre Rolle: Katzenmutter

Sie als Halter spielen die Rolle der Katzenmutter. Alle anderen Familienmitglieder, etwa weitere Katzen, ein Hund oder Kinder, werden wie Geschwister oder wie sonstige Verwandte wahrgenommen, mit denen man sich arrangieren muss, ob es dem Kätzchen nun passt oder nicht. Das gilt für Wohnungskatzen. Freilauftiere müssen sich nicht zwangsläufig mit allen Mitbewohnern abfinden. Bei ihnen kommt es vor, dass sie sich lieber ein neues Zuhause suchen, damit sie sich nicht mit der „lästigen Konkurrenz" herumplagen müssen.

Bereit für eine Katze

Zuwendung macht glücklich

Grundsätzlich bleiben Katzen nicht gern lang allein. Ein Tag dauert für eine Katze manchmal eine Ewigkeit. Es ist deshalb nicht artgerecht, Katzen acht Stunden oder länger allein zu lassen. Selbst wenn sie nicht so schnell zu Neurosen neigen wie Hunde, werden sie – wenn sie ihren Alltag allein verbringen müssen – psychische Schäden bekommen, z.B. unsauber werden.

Ein Paar Katzen?

Nehmen Sie am besten zwei aus demselben Wurf und lassen Sie beide frühzeitig kastrieren, so dass kein unerwünschter Nachwuchs kommt, falls Sie ein weibliches und ein männliches Kätzchen kombiniert haben.
Zwei Katzen machen nicht wesentlich mehr Arbeit als eine allein, dafür sind sie aber ausgeglichener und helfen sich gegenseitig über die Stunden hinweg, die sie allein zu Hause verbringen müssen. Und natürlich verdoppeln sich die Schmusemöglichkeiten. Überlegen Sie es sich jetzt. Denn zu einem späteren Zeitpunkt noch eine oder mehrere Katzen zu einem Einzeltier dazu zu gesellen, geht selten ganz ohne Probleme.

Zu zweit ist es nicht so langweilig, vor allem, wenn die Kätzchen den ganzen Tag allein zu Hause sind.

Wissenschaftlich bewiesen

Wenn Sie noch nicht von einer Zweitkatze überzeugt sind: Es ist wissenschaftlich bewiesen, dass zwei Katzen länger leben, da sie sich im gemeinsamen Spiel mehr bewegen und glücklicher sind.

Jahre später eine zweite?

Während der ersten sechs Monate können Sie ohne Weiteres noch ein Kätzchen hinzugesellen. Bei einer schon erwachsenen Katze sollte das Zweitkätzchen drei bis vier Monate alt sein. Hier gibt es die wenigsten Probleme mit einem Tier des anderen Geschlechts. Die „alte" Katze wird sich das Kätzchen schon erziehen.

→ Umdenken

So hat sich die Erkenntnis durchgesetzt: Katzen brauchen keinen Freilauf, sondern Gesellschaft. Und wenn Sie noch keine Wahl getroffen haben, wäre es die glücklichste Lösung, von vornherein zwei Jungtiere zu nehmen.

Der richtige Duft

Damit sich die beiden gleich vom ersten Tag an „besser riechen" können, pudern Sie beide ein oder besprühen Ihre Hände mit Ihrem Parfüm oder Rasierwasser und bestreichen beide Tiere damit.

Kater oder Kätzin?

Wenn Sie nur ein Tier halten wollen, sollte das Geschlecht Sie nicht beeinflussen. Es gibt nämlich keine gravierenden Unterschiede im Verhalten. Beide sind intelligent, lieb und verspielt. Kater werden etwas größer. Kastriert werden beide. Allerdings ist der Eingriff beim Kater einfacher.

Tierhaltung erlaubt?

Einem Hausbesitzer stellt sich diese Frage nicht, doch man kann schon bei einer Eigentumswohnung Probleme bekommen. Man braucht sich die Katzenhaltung von der Eigentümerversammlung nicht verbieten zu lassen. Es gibt jedoch zwei Ausnahmen: Einmal kann ein Katzenverbot schon in der Teilungserklärung stehen. Dann muss sich ein Eigentümer beugen. Das andere sind unerträgliche Zustände: Stört eine Katze die Hausgemeinschaft in unzumutbarer Weise, kann ein Katzenverbot gerichtlich durchgesetzt werden. Die Hauseigentümer können, wie ein Vermieter auch, den Freilauf der Katzen untersagen.

O'Malley oder Duchesse?

Dass eine Hauskatze gesünder und robuster wäre, ist nur ein Gerücht. Tatsache ist, dass ein Rassetier von Geburt an tiermedizinisch überwacht wird, während manches Hauskätzchen erst mit zwei oder drei Monaten zum Tierarzt kommt und noch nicht entwurmt wurde, was bei jedem Kätzchen nötig ist.

Machen Sie sich auch die Mühe und schauen sich einige Zuchten an, um zu entscheiden, bei wem Sie Ihren neuen Lebensgefährten kaufen. Seien Sie kritisch und lassen Sie Ihren gesunden Menschenverstand walten.

Tipp

Gute Chancen für Mieter

Vermieter machen die Katzenhaltung vertraglich zumeist von einer schriftlichen Erlaubnis abhängig. Was sie oft nicht wissen: Sie brauchen eine gute Begründung dafür, wenn sie die Erlaubnis versagen wollen. Sonst hat nämlich der Mieter gute Chancen, sich die Erlaubnis zur Katzenhaltung gerichtlich zu erstreiten. Reine Wohnungskatzen in einer „ortsüblichen Anzahl" (zumeist nicht mehr als zwei) können nach der üblichen Rechtsprechung vom Vermieter kaum noch verboten werden.

Wenn Sie sich für ein Kätzchen entscheiden, sollte es entwurmt und geimpft sein.

Sie passen zu jedem

Heimische Hauskatzen

Die Mehrzahl aller Katzen gehört in die Familie der Hauskatzen. Es gibt sie in allen Farbschattierungen, wobei die Getigerten immer noch den größten Anteil ausmachen. Ihre Augen sind fast immer von grünlicher Farbe. Das kurze Haar ist relativ pflegeleicht, und dank ihrer angeborenen Sauberkeit übernimmt die Katze die meiste Pflege selbst.

Tipp

Wohnungshaltung

Auch Hauskätzchen gewöhnen sich an ein reines Wohnungsleben, wenn sie noch keinen Freilauf kennen lernen konnten.

Der Ruf der Freiheit

Haben Katzen den Ruf der Freiheit genossen, wird es schwer, sie vom Wohnungsleben zu überzeugen.

Die Jungtiere von Freilaufkatzen, und das sind noch immer die meisten, haben auch selbst schon einen kaum bezwingbaren Freiheitsdrang. Deshalb sind sie als reine Wohnungskatzen nur bedingt zu halten.

Wo bekommt man ein Hauskätzchen?

Ein Hauskätzchen zu bekommen dürfte nicht so schwierig sein. Es besteht die Möglichkeit, auf einem Bauern- oder Reiterhof ein Kätzchen zu erwerben. Die Kätzchen, die dort zu erstehen sind beziehungsweise gratis abgegeben werden, freuen sich bestimmt auf Sie und Ihr Zuhause.

Eine Hauskatze kann man heute noch immer geschenkt bekommen. Dennoch sollte jedem angehenden Katzenhalter sein Tier auch schon finanziell „etwas wert" sein. So verlangen auch Tierheime einen kleinen Betrag, der als Spende den noch nicht vermittelten Kätzchen zugute kommt, z.B. für Futter oder Tierarztkosten.

Vielleicht hat auch eine Katze in der Nachbarschaft gerade einen Wurf, was nicht das Schlechteste wäre, denn man kennt die Katze und kann die Entwicklung der Kleinen verfolgen. In Tierheimen oder bei privaten Katzenhilfen gibt es bestimmt eine Möglichkeit, an ein Kätzchen zu kommen. Ein gut geführtes Tierheim oder die Katzenhilfe gibt Katzen in der Regel geimpft und tierärztlich untersucht ab, gegen eine Schutzgebühr oder eine Spende. Adressen bekommen Sie beim Tierarzt oder im Zoofachgeschäft.

Mindestens 8 Wochen alt

Viele, die Hauskätzchen abzugeben haben, z.B. Bauern, sind froh, wenn ihnen die Kleinen nicht länger zur Last fallen und sie möglichst bald neue Besitzer gefunden haben. Das Kätzchen sollte aber mindestens acht Wochen alt sein, weil es bis dahin den Kontakt zu Mutter und Geschwistern braucht. Für die tierärztliche Betreuung, vor allem für die nötigen Impfungen, muss der neue Besitzer sorgen.

Oder doch eine Edelkatze?

Wer seine Katze im Haus oder in der Wohnung halten möchte, wird sich eher unter den Rassekatzen nach einem künftigen Hausgenossen umsehen. Ein gesundes, entwurmtes und geimpftes Jungtier mit Stammbaum kostet 300 bis 500 Euro und wird auch in der Regel von einem seriösen Züchter nur mit einem Kaufvertrag in die Arme des neuen Halters gelegt.

Laufende Kosten

Für Futter, Streu und Pflegemittel von guter Qualität muss mit etwa drei Euro pro Tag und Katze gerechnet werden. Dazu kommen die jährlichen Impfungen gegen Katzenseuche, -schnupfen und evtl. Leukose. Auf jeden Fall aber Tollwut für Freilaufkatzen. Sie sollten also 100 Euro pro Monat für die Katze zur Verfügung haben. Man kann auch mit weniger hinkommen, wenn man sich mit einfacherer Qualität zufrieden gibt.

Ein ruhiges oder ein freches?

Ob Sie das ruhigste, verspielteste oder frechste Kätzchen aus dem Wurf nehmen, bleibt Ihnen überlassen. Sie sollten das Kätzchen wählen, das charakterlich am besten zu Ihnen und Ihren Erwartungen passt. Nehmen Sie sich Zeit, spielen Sie mit den Kätzchen und beobachten Sie die einzelnen Tiere ganz genau. Gehen Sie mit Bedacht vor, denn Sie erwerben keinen Gegenstand, den man notfalls wieder umtauschen kann, sondern einen Freund, der Sie über Jahre begleiten wird.

Ob Sie sich für ein ruhiges oder ein frecheres Kätzchen entscheiden, bleibt Ihrem Geschmack und Ihren Vorlieben überlassen. Nehmen Sie das, was am besten zu Ihnen passt.

Checkliste Gesundheit

- → Der Bauch darf nicht dick, aufgebläht, hart oder gespannt sein.
- → Der After muss sauber sein und darf nicht riechen.
- → Die Augen sind klar, das dritte Augenlid (Nickhaut) ist nicht zu sehen.
- → Das Zahnfleisch ist rosa, die Zähne sind weiß und das Gebiss zeigt keine Verformungen (Über- oder Unterbiss).
- → Die Ohren müssen sauber und ohne schwarze Krusten sein (Hinweis auf Ohrmilben).
- → Das Fell ist dicht, weich, glänzend und sauber, ohne Knoten oder Verfilzungen. Es weist keine kahlen Stellen auf.
- → Die Haut ist frei von Ausschlägen und Entzündungen.
- → Im Fell dürfen keine Parasiten zu finden sein. Kleine schwarze Punkte sind Flohkot und weisen auf einen Befall dieser Plagegeister hin.

Beliebt und bekannt

Perser, Kartäuser und Siam

Ob britisch kurz oder persisch lang: Die beliebtesten Rassen sind figürlich rund, sind sehr menschenbezogen und haben einen eher ruhigen Charakter. Die Freunde von lebhaften Katzen halten dagegen schon seit Jahrzehnten der Siam die Treue.

Perser

Perserkatzen sind eine alte, seit über 100 Jahren stets beliebte und sehr liebe Katzenrasse. Sie tragen von allen Katzen das längste Fell und die kürzesten Nasen. Früher hießen sie „Angoras", eine Bezeichnung, die heute nur noch für die Halblanghaar-Rasse Türkisch Angora verwendet wird. Das wunderschöne lange Haar der Perser ist allerdings nicht besonders pflegeleicht. Das Kämmen sollte bei dieser Rasse zur täglichen Pflicht gehören. Gewöhnen Sie das Kätzchen deshalb schon früh daran, gekämmt zu werden.

Exotic Shorthair. Sie ist die kurzhaarige Variante der Perserkatze und wird in allen Perserfarben gezüchtet. Auch sie ist nicht unbedingt pflegeleicht zu nennen.

Colourpoint

Zur Perserfamilie zählen die Colourpoints, früher auch Khmerkatzen genannt. Sie haben den Körperbau und das langhaarige Seidenfell der Perser, sind aber wie die Siamkatzen Teilalbinos, haben deren schöne blaue Augen und ihre Färbung, also eine hellere Körperfarbe und dunkler gefärbte Abzeichen im Gesicht, an den Ohren und Beinen sowie am Schwanz. Es gibt sie in den gleichen Farbschattierungen, die man bei Siamkatzen sieht.

Chinchilla

Manche halten sie für eine eigenständige weiße Rasse. In Wirklichkeit gehört die Chinchilla zu den Perserkatzen und hat am Ende der weißen Deckhaare schwarze Haarspitzen, die das Fell wie dunkel überpudert wirken lassen. Die kräftiger „überpuderten" Katzen heißen Silver Shaded.

Linkes Bild: Perserkatzen sind ruhige, anschmiegsame Hausgenossen, deren Fell intensiver Pflege bedarf.

Rechtes Bild: Die Färbung Britisch Kurzhaar blaucreme kommt nur bei weiblichen Tieren vor.

Britisch Kurzhaar (BKH)

Die Britisch Kurzhaar in Blau (Britisch Blau) kennt man noch unter der Bezeichnung „Kartäuser“. Somit ist sie wohl die bekannteste Vertreterin der BKH, die zu den beliebtesten Rassen überhaupt gehört. Die Briten werden in vielen Farben, nicht nur dem bekannten Graublau gezüchtet. Eine der neuesten Züchtungen ist die Britisch Kurzhaar Colourpoint, also mit Siamzeichnung. Die Gesamterscheinung dieser Katzen ist rund: vom Kopf mit kurzer Nase, großen, tief orangefarbenen Augen bis zum schweren, massigen Körper. Das dichte, gleichmäßig kurze Fell fühlt sich wie Samt an. Die Haltung dieser schönen, im Wesen recht ruhigen, unkomplizierten Katze ist relativ einfach, obwohl sie manchmal einen ordentlichen Dickkopf haben kann. Ihre Pflege ist weit weniger aufwendig als z.B. die der Perser. Trotzdem sollte altes, loses Haar einmal in der Woche ausgekämmt werden.

Siam und Orientalisch Kurzhaar

Die Orientalen erkennen Sie an ihrem extrem schlank und lang gestreckten Körper. Bekannteste Rasse von ihnen ist die Siam, die auch mit halblangem Fell unter dem Namen Balinese gezüchtet wird. Ohne die typische Siamzeichnung heißen diese Katzen Orientalisch Kurzhaar oder Javanesen, wenn sie halblanghaarig sind. Ihr feuriges Temperament steht im reizvollen Kontrast zu ihrer eleganten Erscheinung. Sie sind gesprächig, sehr anhänglich und gesellig. Besonders lassen sie niemanden, auch nicht die Nachbarn, im Zweifel, wenn sie auf Partnersuche sind.

→ *Katzen als Geschenk?*

Ein lebendes Tier kann das Schönste aller Geschenke sein, wenn es ein lang gehegter Wunsch des Beschenkten war und alle Vorbereitungen getroffen wurden. Ein Tier braucht über Jahre unsere Zuneigung und Liebe, es will sich versorgt und verstanden wissen. Denken Sie deshalb immer daran: Eine Katze oder ein anderes Tier ist kein Überraschungsgeschenk!
Leider kommt es immer noch vor, dass Menschen aus Gedankenlosigkeit (oder aus welchem Grund auch immer) ein Tier kaufen wie andere ein Radio oder ein Computerspiel: als Geschenk für den Geburtstag oder unter den Weihnachtsbaum. Ein Tier ist aber kein Spielzeug, das Sie nach den Festtagen in eine Ecke stellen können, bei Bedarf hervorholen, etwas streicheln oder zwischendurch nur abzustauben brauchen.

Siam

An der Siam faszinieren ihre leicht schräg gestellten, mandelförmigen Augen von tief dunkelblauer Farbe. Die vier Grundfarben sind Seal-point, Chocolate-point, Blue-point und Lilac-point. Bis Mitte der 50er Jahre war sie eine wesentlich kräftigere und rundköpfigere Katze, der heutige Typ ist extrem stromlinienförmig. Die Siam ist eine wahre Quasselstrippe, die ihrem Besitzer viel zu erzählen hat.

Die Siam zeichnet sich durch ihre blauen Augen, ihr cremefarbenes Fell und die dunklen Extremitäten, Ohren, die Maske im Gesicht sowie den dunklen Schwanz aus.

Felle, halblang und fließend

Waldschrat und Edelfrau

Die Türkischen Katzen schließen sich vor allem einem Menschen in der Familie an, sind gesellig und kinderfreundlich, springfreudig und reden gern.

Deutlich weniger pflegeintensiv als Perserkatzen sind die Halblanghaar-Rassen, deren Beliebtheit in den vergangenen Jahren stark zunahm. Sie sind imposante Katzen mit einem Fell, das halblang fließend herabfällt und im Gegensatz zum Langhaar der Perser keine filzende Unterwolle besitzt, neigt deshalb weniger zum Verknoten und ist im Sommer deutlich kürzer und lichter als im Winter. Trotzdem sollte man auch Waldkatzen kämmen, vor allem zum Fellwechsel.

Maine Coon

Die Maine Coons gehören zu den größten und ursprünglichsten Rassekatzen. Sie haben sich in Maine (USA) eigenständig entwickelt und werden seit über 100 Jahren fast unverändert im Aussehen gezüchtet. Die Maine Coon gibt es in vielen verschiedenen Farbvarianten. Durch ihr anhängliches Wesen und ihre sanfte Stimme sind sie angenehme Mitbewohner.

Norwegische Waldkatze

Die Norwegische Waldkatze ist eine große, kräftige und muskulöse Halblanghaar-Katze, insgesamt jedoch nicht so massig wie die Maine Coon. Ihr Kopf ist dreieckig, mit langer Nase und geradem Profil. Die Ohren sind groß und spitz zulaufend. Der äußere Eindruck dieser natürlichen Katze ist eher wild und kräftig. Den Kontrast dazu bietet ihr Charakter: Sie ist lebhaft, aber sanftmütig, intelligent, anhänglich und menschenbezogen.

Türkische Katzen

Der Türkisch Angora „gehört" inzwischen der Name „Angora" ganz allein. Sie ist jedoch keine Langhaar-Katze, sondern eine Halblanghaar mit schlankem Körper. Mir ihr verwandt ist die Türkisch Van, die es nur in einer bestimmten Fellzeichnung in Weiß mit roten Abzeichen gibt. Die Van-Katze ist sehr gelehrig und hat im Gegensatz zu anderen Katzen einen Hang zum Wasser.

Älter ist besser

Rassekatzen bekommt man erst im Alter von zwölf Wochen, da die kleinen Kätzchen bei der Abgabe entwurmt und geimpft sein müssen. Die erste Impfung erfolgt im Alter von sieben bis acht Wochen, drei Wochen später die Wiederholungsimpfung, also sind die Kätzchen dann mindestens elf Wochen alt. Um eine eventuelle Impfreaktion abzuwarten, behält der Züchter sie noch eine Woche, bevor er sie dem neuen Besitzer übergibt.

Diese beiden Ragdoll-Kätzchen sind ganz schön neugierig.

Birma

Die Birmakatze ist eine halblanghaarige Pointkatze mit einem mittelschweren, langen Körper und verhältnismäßig kurzen, aber kräftigen Beinen mit runden Pfoten. Die Fellzeichnung entspricht der der Siamesen, die Augen sind blau. Das besondere Merkmal dieser Rasse sind ihre vier weißen Pfoten. Birma sind lebhaft, kontaktfreudig und manchmal extrem auf „ihren" Menschen geprägt. Sie schmusen gern und brauchen viel Ansprache.

Ragdoll

Die liebevollen und freundlichen Ragdolls sind ihren Haltern zärtlich zugetan und möchten nicht gern allein sein. Neugierig laufen sie ihnen hinterher, wollen gerne spielen und immer am Geschehen teilhaben. Ihr Körperbau und ihr Fell sind ähnlich wie die der Birmakatzen. Die Ragdoll, eine Züchtung aus den USA, gibt es in drei Fell-Zeichnungen: Colourpoint – die typische Siamzeichnung; Bicolor, die Tiere mit einem charakteristischen umgekehrten „V" im Gesicht. Und Mitted, Tiere mit Maskenzeichnung und weißen Pfotenspitzen. Alle Ragdolls haben blaue Augen.

→ Wo kauft man ein Rassekätzchen?

Vom Züchter: Wenn Sie sich für eine Rassekatze entschieden haben, kommt eigentlich nur ein Züchter infrage, bei dem Sie solch ein Kätzchen erwerben können. Leider gibt es immer noch Geschäfte, die Hunde und Katzen anbieten: Eine seriöse und gut geführte Zoofachhandlung verzichtet aber auf Ausstellung und Verkauf so pflegebedürftiger Tierkinder. Dafür bietet sie Beratung sowie Zubehör an und vermittelt Züchteradressen. Manche Züchter inserieren in der Tagespresse oder den Fachzeitschriften, z.B. in „Katzen extra", „Geliebte Katze", „Ein Herz für Tiere", oder Sie wenden sich an Katzenverbände (Adressen finden Sie im Serviceteil).

Selten und exotisch

Katzenrassen für Fans

Bild oben: Die Egyptian Mau, hier in silber, kommt bisher noch nicht so häufig in Europa vor.

Bild rechts: Die Somalikatze ist die halblanghaarige Ausführung der Abessiner.

Russisch Blau

Ein charmantes, leises, jedoch willensstarkes Geschöpf. Zu ausgeglichenen Menschen mit leiser Stimme fühlt sie sich besonders hingezogen, Lärm und Wirbel mag sie gar nicht.
Sie hat einen recht lang gestreckten, schlanken Körper und einen kurzen, keilförmigen Kopf mit herzförmigem Gesicht mit weit auseinanderliegenden, mandelförmigen Augen von lebhaftem, klarem Grün. Ihr typisches Merkmal ist das einzigartige doppelt dicke, silbergraue Fell.

Burma

Eine mittelgroße Katze mit eng anliegendem, feinem und sehr kurzem Fell ist die Burma. Sie hat ein überwältigendes Temperament, große Bewegungs- und Spielfreude und ist sehr stark auf den Menschen bezogen.

Abessinier

Zu den ältesten Katzenrassen gehört die Abessinier. Bis heute verkörpert sie das Schönheitsideal der eleganten, schmalen altägyptischen Katzengöttinnen schlechthin. Ihr Fell ist dicht, kurz und fein. Das Besondere daran ist die Bänderung des einzelnen Haares (Ticking), weshalb sie früher auch „Hasenkatze“ genannt wurde. Bei der normal- oder wildfarbenen Abessinier ist das Haar an der Wurzel hell, in der Mitte braun-orange und an den Spitzen schwarz. Es gibt sie aber auch in Rot, seltener in Blau, Fawn und den dazu passenden silbernen Varianten. Sie hat einen muskulösen, mittelgroßen und schlanken Körper. Die Abessinier ist eine sehr zutrauliche und anschmiegsame Katze, die großen Mut besitzt. Sie ist überhaupt nicht nervös und macht von ihrer zarten Stimme nur selten Gebrauch. Die meisten Abys sind sehr geschickt. Alle sind begeisterte Kletterer, viele von ihnen können Türen öffnen. Es sind sehr lebhafte Katzen mit besonders ausgeprägtem Jagdtrieb – Ihre Wohnung ist mit einer Abessinierkatze garantiert fliegenfrei.

Somali

Die Somalikatze ist die halblanghaarige Verwandte der Abessinierkatze. Alle Merkmale sind mit dieser Rasse identisch, bis auf das etwas längere Fell. Gerade durch dieses längere Fell drängt sich oft der Vergleich mit einem Luchs oder, in roter Ausführung, mit einem Fuchs auf.

Die Ocicat besitzt eine wunderschöne Tupfenzeichnung und ist recht temperamentvoll.

Rexkatzen

Rexkatzen tragen gewelltes oder lockiges Fell. Sie entstanden durch verschiedene natürliche Mutationen, also zufällige Veränderungen des Erbguts, die dann gezielt zur Rasse gezüchtet wurden. Man unterscheidet Devon-Rex, Cornish-Rex, German-Rex und Selkirk-Rex. Es gibt sie in einigen Farbvariationen und die Selkirk Rex sogar in verschiedenen Haarlängen. Das Aussehen dieser Katzen ist gewöhnungsbedürftig, aber wer einmal eine dieser charmanten und extrem anhänglichen Rexkatzen erleben konnte, sieht sie mit ganz anderen Augen.

Ocicat und Egyptian Mau

Weitere Kurzhaarkatzen sind die Rassen Ocicat und die Egyptian Mau. Beides sind Katzen, die eine starke Tupfenzeichnung aufweisen und sehr temperamentvoll sein können, sich jedoch gut als Familienkatzen eignen. Es gibt sie bisher noch relativ selten in Europa.

Kartäuser oder Chartreux

Fast hätte sie es nicht mehr gegeben, die echte Kartäuserkatze. Durch das Einkreuzen von blauen Britisch Kurzhaar-Katzen wurden beide Rassen vermischt und nur wenige Exemplare der reinen, französischen Linien entgingen diesem Durcheinander.
Ist die Britisch Kurzhaar Katze im Erscheinungsbild eine eher rundliche Katze, so ist die Chartreux, wie sie heute genannt wird, eine eher „eckige“ Katze und sie gibt es nur in der blauen Farbe.

Tipp

Wenn Sie züchten wollen

Sollten Sie züchten wollen, ist es besser, eine Kätzin zu nehmen. Denn ein potenter Kater wird mit beginnender Geschlechtsreife die Wohnung markieren. Und das riecht äußerst unangenehm.

Die ersten Vorbereitungen

So wird ´s für Ihre Katze gemütlich

Die Wohnung für ein Kätzchen vorzubereiten, macht richtig Spaß. Sie können alles, was Sie brauchen, per Katalog oder übers Internet bestellen und sich ins Haus liefern lassen. Sogar einen Montageservice bieten manche Firmen an. Eine Übersicht über die wichtigsten Einkäufe finden Sie auch auf den Seiten 30 und 31.

Katzen brauchen auf jeden Fall einen Kratzbaum, einen Schlafplatz, Futter- und Wassernapf und eine eigene Toilette.

Der Kratzbaum

Schlafen, klettern, Krallen schärfen

Damit Ihre Wohnungseinrichtung geschont wird, sollten Sie Ihr Kätzchen möglichst früh an den Gebrauch eines Kratzbretts oder Kratzbaumes gewöhnen. Der Kratz- und Kletterbaum hat den Vorteil, dass Ihre Katze daran Nagelpflege betreiben kann, außerdem bietet er noch Möglichkeiten zum Muskeltraining sowie Ruhe- und Schlafplätze.

Standfest

Das Wichtigste bei einem Kratzbaum ist seine Standfestigkeit. Sollte er einmal umkippen, wird ihn die Katze nie wieder benutzen! Außerdem sollten Sie das Kratzmöbel nicht in die hinterste Ecke verbannen. Eine Katze geht nicht gerne zum Kratzen in die Abstellkammer – dann benutzt sie doch lieber die Möbel im Wohnzimmer. Rollen mit Bremsen ermöglichen auch einen einfachen Standortwechsel.

Schlaf der Gerechten: So gemütlich können nur Katzen schlafen.

Der Schlafplatz

Nach oben und ins Bett?

In vielen Katzenbüchern steht, dass Sie dem Kätzchen ein Körbchen mit Polster in einer Ecke als Schlafplatz anbieten sollen. Keine meiner Katzen hat je solch einen Schlafplatz angenommen. Sie haben sich ihre Schlafstellen immer selbst ausgesucht.
Für ein kleines Kätzchen reicht am Anfang ein Karton, in den Sie ein Polster oder Kissen hineinlegen. Der Vorteil eines Kartons ist, dass man ihn bei Beschmutzung leicht austauschen kann und er mit dem Kätzchen „mitwächst“.

Erhöhte Liegestellen

Meine Katzen schlafen eigentlich nie auf dem Boden, sie mögen erhöhte Liege- und Schlafplätze. Eine Hängematte (z.B. im Kratzbaum integriert) hat hier den Vorteil, dass vor allem kleine Katzen nicht herausfallen können. Katzen haben ein Gespür für warme und zugfreie Plätze. Wenn möglich, bieten Sie Ihrer Katze an solch einer Stelle das Katzenbett an. Ob sie sich hineinlegt, ist eine andere Sache.

Bett-Geschichten

Die meisten Katzen ziehen wahrscheinlich Ihr Bett als Nachtlager vor. Solange es Ihnen nichts ausmacht, sehe ich darin kein Problem. Sollten Sie diese Gesellschaft im Bett ablehnen, bleibt Ihnen nur eine Möglichkeit:

Wasser, ein Schälchen Trockenfutter und das Katzenklo sollten jederzeit für das Kätzchen erreichbar sein. Stellen Sie Futter und Toilette räumlich getrennt auf.

Machen Sie konsequent die Tür zu. Nach einer oder zwei Wochen hat das Kätzchen dann meist die Hausordnung akzeptiert.

Der Futterplatz

Drei Näpfe braucht die Katz'

Empfehlenswert sind zwei Futternäpfe für Nass- und Trockenfutter, die standfest und funktionsgerecht flach sein und sich gut reinigen lassen sollen. Als Wassernapf nehmen Sie am besten eine große standfeste Schüssel.
Der Futterplatz wird durch eine abwaschbare, nicht zu kleine Unterlage geschützt, denn die meisten Katzen neigen dazu, sich einen Brocken aus ihrem Napf zu angeln und ihn irgendwo zu verzehren – zum Glück meist in unmittelbarer Nähe des Napfes.

Die Katzentoilette

Der Platz fürs Geschäftliche

Von Natur aus sind Katzen reinlich, deshalb sind Katzentoilette, Katzenstreu und eine Schaufel ein absolutes Muss. Da Katzen gern an unterschiedlichen Stellen Pipi machen und Kot absetzen, wären zwei Klos ideal.

Die Einstreu

Geben Sie mindestens fünf Zentimeter hoch Streu in die Katzentoilette, damit die Katze ihr Geschäft möglichst spurlos verscharren kann. Der Fachhandel bietet verschiedene Produkte an, sie müssen nur dasjenige finden, das Ihre Katze akzeptiert. Bleiben Sie dann dabei, denn ständiges Wechseln behagt der Katze nicht. Im Gegenteil: Dies ist der häufigste Grund für eine plötzliche Unsauberkeit.
Klumpen bildende Streu hat den Vorteil, dass das Entfernen der gebrauchten Streu einfach und ohne viel Zeitaufwand täglich möglich ist. Bei regelmäßigem Gebrauch sollte die Katzentoilette mindestens einmal in der Woche komplett geleert und ausgewaschen werden.

Der Standort

Katzen lassen sich bei ihren „Geschäften" nur ungern zuschauen. Deshalb sollte die Toilette in einer ruhigen Ecke aufgestellt werden und nach Möglichkeit nicht direkt neben dem Futternapf. Wichtig ist, dass der Platz für die Katze jederzeit und leicht zugänglich ist.

Frischluft, aber sicher!

Ein Platz an der Sonne

Katzen können stundenlang am Fenster sitzen und die Welt beobachten. Um ihnen das Vergnügen auch bei geöffnetem Fenster zu bieten, sollten Sie ein Draht- oder Fliegengitter vor dem Fenster anbringen. Außerdem tut frische Luft der Katze gut. Sorgen Sie dafür, dass der Lieblingsplatz auf dem Fensterbrett für Ihren Vierbeiner reserviert bleibt.

Ein Zurück gibt es kaum: Wenn die Katze an der Freiheit Geschmack gefunden hat, ist es später sehr schwierig, sie wieder ins Haus zu verbannen.

Vorsicht, tödliche Falle!

Zur tödlichen Falle wurde schon so manches Kippfenster. Die Katze klettert zum Spalt hoch, rutscht mit den Hinterbeinen am glatten Rahmen ab und fällt mit dem Bauch oder dem Hals in den Fensterwinkel. Schieben Sie dem einen Riegel vor, indem Sie eine seitliche Kippfenster-Schutzvorrichtung anbringen, die im Zoofachhandel erhältlich ist. Einfacher geht es aber mit Haken und Öse, mit denen Sie das Kippfenster nur so weit geöffnet lassen, dass garantiert keine Katze dazwischen passt.

Balkon mit Katzennetz

Falls Sie über einen Balkon verfügen, möchten Sie sicher das Vergnügen mit Ihrer Katze teilen. Irgendwann allerdings wird auch sie auf der Balkonbrüstung spazieren gehen, und ihr Jagdtrieb veranlasst sie, einem Vogel oder Schmetterling hinterher zu springen – ins Leere! Denken Sie nicht, Ihre Katze würde so etwas nicht tun. Je nach Fallhöhe und nach Beschaffenheit des Landeplatzes können die Verletzungen schwer bis tödlich sein. Wann immer es möglich ist, sichern Sie den Balkon mit einem Netz. Es gibt einige Firmen, die sich darauf spezialisiert haben. Mit Netzen, Dübeln, Schrauben, Seil und Spanner gelingt es relativ leicht, eine Balkonsicherung anzubringen.

Der katzensichere Garten

Sie sind der glückliche Besitzer eines Gartens und möchten diese Freude auch mit Ihrer Katze teilen? Ihnen sind die Gefahren eines Freilaufs bewusst, und Sie wollen ein gutes Verhältnis zur Nachbarschaft? Dann sollten Sie Ihren Garten katzensicher gestalten.

→ Raus oder nicht raus lassen?

Draußen streunen oder drinnen träumen? Diese Entscheidung wird Ihnen vielleicht recht schwer fallen. Aber überlassen Sie sie nicht dem Zufall! Denn sie hängt sowohl von den persönlichen Wünschen und Wohnverhältnissen ab, als auch davon, was die Katze bisher gewohnt war. Selbst ein zwölf Wochen altes Jungtier kann schon Freiheit gewöhnt sein, etwa eines von einem Bauernhof.

Mit Katzennetz und ein wenig Geschick

So wird's gemacht: Am einfachsten geht dies mit leichten Pfählen und einem Zaun aus Netz, z.B. einem Moskito- oder Vogelnetz, es gibt aber auch spezielle Katzennetze im Fachhandel. Schlagen Sie die Pfähle im Abstand von 1,5 Meter in den Boden und spannen Sie das Netz.
Die Höhe des Netzes sollte etwa 2 m betragen. Am Boden empfiehlt sich die Anbringung von 50 cm hohem Hasendraht, der ungefähr 10 cm tief eingegraben werden sollte, denn manche Katzen entwickeln plötzlich die Fähigkeiten eines Maulwurfs. Da das Netz nicht sehr stabil ist, das heißt der Katze beim Klettern wenig Halt bietet, wird ihr diese Kletterei, die keine Aussicht auf Erfolg hat, schnell langweilig, und sie lässt das Spielchen.

Warum viele Katzen Freilauf haben

Obwohl es viel mehr Argumente für die Wohnungshaltung gibt, dürfen die meisten Katzen hinaus, wenn es irgendwie machbar ist. Warum das so ist, kann man leicht erklären: Katzen setzen ihre Wünsche zielstrebig und mit großer Beharrlichkeit durch. Und sie lieben es eben, draußen frei und unabhängig herumzustreifen, Mäuse zu jagen und wichigen Katzengeschäften nachzugehen.

Was gegen Freilauf spricht

Streunerkatzen sterben früh. Viele werden von Autos überfahren oder von Jägern getötet. Dazu kommen Tierfänger, Gifte, ungesicherte Wassertonnen, Diebstahl, Katzenkämpfe, Tierquäler, Krankheiten und Parasiten, und nicht zuletzt Hunde, die Katzen jagen.

Der Lieblingsplatz jeder Wohnungskatze: Ein Kissen auf dem Fensterbrett, gern über der warmen Heizung, mit Ausblick in den Garten.

Sie alle gefährden das Leben der Katze. Seuchen können sich auch bis zu Ihrem Wohnort ausbreiten. Was tun, wenn Vogelgrippe oder Tollwut ausbricht? Selbst geimpfte Katzen, sofern möglich, müssten drinnen bleiben.

Auf gute Nachbarschaft

Mit Nachbarn gibt es viel mehr Streitpunkte, als man denkt: Sie sperren Katzen manchmal unbeabsichtigt ein oder machen sie mit Leckereien abspenstig. Das sind die Katzenliebhaber. Aber es gibt auch Menschen, die sich durch fremde Katzen gestört fühlen, weil diese in ihr Haus kommen, die eigene Katze verprügeln oder deren Futter wegfressen. Dann gibt es noch die Sorte Mensch, die gar keine Katzen mögen, da sie in die Sandkästen der Kinder oder in Blumen- oder Gemüsebeete machen, den Koi aus dem Teich angeln, Spuren auf dem Autodach hinterlassen oder die Gartenpolster vollhaaren – Gründe genug, um sich den Freilauf noch einmal zu überlegen, wenn man sich Diskussionen mit den Nachbarn ersparen will.

EXTRA
Die katzensichere Wohnung

Betrachten Sie die Welt mit Katzenaugen

Auch das Leben in der Wohnung, im Haus oder gesicherten Garten ist für ein Kätzchen nicht ohne Gefahren. Wie kleine Kinder erkunden sie neugierig und verspielt jeden Winkel und können meist nicht erkennen, was ihr Leben bedroht. Schauen Sie sich in Ihrer Wohnung, im Haus oder Garten um. Versuchen Sie, sich dabei in Ihre Katze hineinzuversetzen und überlegen Sie, was Sie erreichen und was sie interessieren könnte. Betrachten Sie Ihre Wohnung sozusagen mit Katzenaugen und beseitigen Sie alle Gefahrenquellen.

Mit Netz und doppeltem Boden

Wenn es irgendwie möglich ist, sollte man den Balkon mit einem Netz absichern. Es gibt einige Firmen, die sich auf Balkon- und Terrassensicherungen spezialisiert haben, die beraten, ausmessen und montieren. Mit Sicherheitsnetzen, Dübeln, Schrauben, Seil und Spanner gelingt es relativ einfach, einen solchen Katzenschutz an den Balkon anzubringen.
Der Vermieter muss ein Netz allerdings an der Schmuckseite des Hauses nicht unbedingt dulden. Sprechen Sie ihn darauf an, bevor Sie Geld dafür ausgeben.

Sicherheits-Check

- Giftige Pflanzen – hierzu gehören auch sehr viele bekannte und beliebte Garten- und Zierpflanzen (siehe auch die Liste der giftigen Gartenpflanzen).
- Offener Backofen, Geschirrspüler, Waschmaschine, Trockner, Kühl- und Gefrierschrank und Kamine
- Herunterhängende Deckchen und Tischdecken
- Elektrokabel
- Plastiktüten, offene Mülleimer
- Kleinteile wie Nadeln, Perlen, Schrauben, Nägel, Reißnägel usw., die verschluckt werden können
- Haushaltsreiniger, Desinfektionsmittel, Tabletten und Pillen, Dünger und Pflanzenschutzmittel und sonstige Chemikalien
- Gekippte, ungesicherte Fenster
- Lametta, Christbaum-Kugeln
- Rutschige Böden, Glastüren, Schwingtüren, zerbrechliche Figuren
- Heiße Gegenstände: Herdplatten, Zigaretten, Kerzen, Bügeleisen
- Ungesicherter Balkon

→ Vorsicht vor giftigen Pflanzen!

Giftige Gartenpflanzen

Ackerveilchen
Arnika
Aronstab
Aprikose (Kerne)
Buchsbaum
Buschwindröschen
Christrose
Efeu
Eibe
Eisenhut
Edelweiß
Farne
Feldstiefmütterchen
Feuerdorn
Fingerhut
Geißblatt
Geranie
Ginster
Glyzinie
Goldregen
Hahnenfuß
Hartriegel
Herbstzeitlose
Herkuleskraut
Hyazinthe
Jasmin
Kaiserkrone
Kornrade
Krokus
Küchenschelle
Leberblümchen
Lebensbaum (Thuja)
Liguster
Märzenbecher
Maiglöckchen
Mauerpfeffer
Mistel
Narzisse
Nelke
Oleander
Pfaffenhütchen
Primel
Rainfarn
Rhabarber
Rhizinuspflanzen
Rittersporn
Schlafmohn
Schneeball
Seidelbast
Sumpfdotterblume
Schwertlilie
Tabakpflanze
Tollkirsche
Tomatenpflanze
Trompetenbaum
Tulpe
Wacholder
Wicke
Wildlupine
Wolfsmilch
Wurmfarn
Zwergmistel

Giftige Zimmerpflanzen

Alpenveilchen
Amaryllis
Anthurie
Azalee
Calla
Christusdorn
Clivie
Dieffenbachie
Efeutute
Gummibaum
Korallenbeere
Orchidee
Philodendron
Stechpalme
Usambaraveilchen
Weihnachtskaktus
Weihnachtsstern
Wüstenrose
Zierfarn
Zimmeraralie

Bieten Sie Ihrer Katze ein Töpfchen Katzengras an, bevor sie sich an Ihren – womöglich giftigen – Zimmerpflanzen vergreift.

Das Kätzchen zieht ein

Willkommen im neuen Zuhause!

Entscheiden Sie schon vor dem Einzug über Fress- und Toilettenplatz. Denn Katzen sind Gewohnheitstiere und lassen sich später oft nicht mehr so leicht an andere Plätze gewöhnen. Und wenn alles an Ort und Stelle steht und Sie alle Vorbereitungen abgeschlossen haben, dann holen Sie das Kätzchen ab.

Neben der Ahnentafel, die vom Zuchtamt eines seriösen Verbandes unterschrieben sein muss, gehört der Impfpass zu jeder Katze.

Der richtige Zeitpunkt

Festtage wie Weihnachten sind als Zeitpunkt für das Eingewöhnen eines neuen Mitbewohners äußerst ungünstig, denn man hat an solchen Tagen kaum Zeit und Geduld, um sich mit dem Neuankömmling zu beschäftigen. Günstiger ist es, wenn Sie das Kätzchen, wenn Sie es denn unbedingt zu einem Festtag verschenken wollen, erst nach den Feierlichkeiten dem neuen Besitzer übergeben. Man kann ja ein Foto oder ein Plüschtier als Gutschein mitbringen.

Nach den Feiertagen hat dann das Kätzchen Zeit, sich an die neue Umgebung und den neuen Menschen zu gewöhnen. Das Beste wäre jedoch, dem Beschenkten zu ermöglichen, sich „seine" Katze selbst auszusuchen, denn die beiden müssen miteinander auskommen.

Das Kätzchen abholen

Der große Tag ist gekommen, und Sie können Ihr Kätzchen zu sich nach Hause holen. Sie setzen es in den Transportbehälter und lassen es bitte darin, bis es in seinem neuen Heim angekommen ist – sollte es in seinem „Gefängnis" auch noch so toben oder klagend miauen. Sicher ist sicher und erspart jede Menge Ärger.

Viele Züchter geben Ihnen etwas von der bisher verwendeten Katzenstreu und Futter für die ersten paar Tage mit.

→ Keinen Appetit?

Es kann vorkommen, dass das Kätzchen die ersten paar Tage, bedingt durch die Umstellung, keinen großen Appetit entwickelt und Sie – in Sorge, dass es verhungern könnte – anfangen, es mit Leckereien zu verwöhnen. Davor kann ich nur warnen! Katzen lassen sich gern verwöhnen, und die Umstellung auf Normalkost ist dann oft sehr schwierig. Also keine Panik, hier hilft schon die Natur. Manche Kätzchen reagieren auf die neue Umgebung auch mit Durchfall. Wenn der nach zwei bis drei Tagen nicht wieder verschwunden ist, sollten Sie auf jeden Fall zum Tierarzt gehen.

Für das Kätzchen ist alles neu: Nehmen Sie sich Zeit und spielen Sie mit ihm. Füttern und streicheln Sie es, dann wird es sich sicher bald zu Hause fühlen.

Katze aus der Box

Kommt man mit dem Kätzchen ins neue Heim, so stellt man das Transportbehältnis am besten mitten ins Zimmer und bietet dem Kätzchen die Möglichkeit, selbst herauszukommen. Sie brauchen eigentlich gar nichts zu tun. Erfreuen Sie sich an der Beobachtung, wie ein kleines Kätzchen von seinem neuen Lebensbereich Besitz ergreift. Manche erkunden mutig ihr neues Zuhause, andere sind eher vorsichtig.

Wo bitte geht's zum Klo?

Nach einer gewissen Zeit heben Sie das Kätzchen hoch und setzen es in seine Katzentoilette. Das wiederholen Sie noch zwei-, dreimal. Ich bin jedes Mal erstaunt, wie schnell sich die Katze an ihr Klo gewöhnt.

Guten Appetit!

Bald wird es auch Hunger bekommen. Die Ernährung ist jetzt noch ganz einfach: Geben Sie ihm das, was es gewöhnt war. Es benötigt allerdings mehrere Mahlzeiten am Tag. Außer wenn es sehr warm ist, können Sie das Futter ruhig einige Zeit stehen lassen. Da sich Katzen normalerweise nicht überfressen, kommen sie öfter an ihre Futterstelle und nehmen mehrmals kleine Portionen zu sich.

Die ersten Tage

In diesen ersten Tagen werden die Weichen für das künftige Mensch-Katze-Verhältnis gestellt. Mit Geduld und Liebe können Sie die Eingewöhnungszeit positiv gestalten. Da Katzen von Natur aus neugierige Wesen sind, klappt die Umstellung am schnellsten, wenn man sich viel mit dem neuen Mitbewohner beschäftigt, mit ihm spielt, ihn streichelt oder, wenn er das nicht will, ihn einfach in Ruhe lässt.

Hochheben und Tragen

Weit verbreitet ist immer noch die Annahme, dass man ein Kätzchen am Nackenfell hochhebt. Das stimmt aber nicht. So geht es: Man fasst mit einer Hand unter den Körper hinter die Vorderpfoten, die andere Hand stützt das Hinterteil. So ruht das Gewicht der Katze sicher auf dem gebeugten Unterarm, und sie schmiegt sich meist gern in die Armbeuge.

Für
KIDS

Jetzt bist Du die Mama!

Was Du tun kannst, damit sich Dein Kätzchen bei Dir wohlfühlt

Schön, wenn du jetzt viel zu Hause bist

Denn allein sollte Dein Kätzchen jetzt nicht bleiben müssen. Es war doch gerade noch bei seiner Mama und den Geschwistern. Die werden ihm noch ein wenig fehlen. Deshalb bist Du jetzt die Mama und auch der Spielkamerad.

Deine Freunde sollen warten

Sicher sind Deine Freunde schon ganz scharf darauf, Dein Kätzchen zu sehen. Und Du willst es auch zeigen. Aber warte damit ein paar Tage, damit das kleine Tier durch die ungewohnten Menschen nicht total verschreckt wird. Es würde sich nur verstecken und alle würden Deine Katze nur doof finden.

Auf keinen Fall hinterherrennen

Lauf Deinem Kätzchen nie hinterher! Es bekommt dann erst recht Angst und versteckt sich vor Dir. Das ist sicher das Letzte, das Du erreichen willst. Denn so schnell kommt es nicht wieder hervor. Und vielleicht verliert es die Angst vor Dir dann gar nicht mehr ganz.

Setz Dich und warte einfach ab

Das ist ein Geheimnis, das schwer zu verstehen ist, aber probiere es einfach aus: Je weniger Du hinter Deinem Kätzchen her bist, es auch nicht festhältst oder hochzuheben versuchst, desto früher liegt es auf Deinem Schoß, schnurrt dort und schläft.

Schlepp Deine Katze nicht herum

Statt sie wie einen Lumpen herumzuschleppen, lass sie laufen. Und zwar hinter Dir her: Du musst dazu nur ein Spielzeug hinter Dir herziehen, etwa ein Stück Schnur. Wenn Du sie hochhebst, gib Dir Mühe und halte eine Hand unter den Bauch und eine unter die Pfoten oder noch besser, leg sie mit den Vorderbeinen über Deine Schulter und halte sie am Po. So tut ihr nichts weh.

Gib Deinem Kätzchen einen Namen

Das kleine Kätzchen soll natürlich auch einen Namen bekommen. Sag ihn immer wieder, während Du die Katze streichelst, mit ihr spielst, ihr eine Leckerei anbietest. Benutze den Namen nur liebevoll. Zum Schimpfen solltest Du ihn nicht verwenden. Sie hören am besten auf zweisilbige Namen mit einem „I" in jeder Silbe, wie z.B. Lili. Wenn der Name zu lang und kompliziert ist, fühlt sich das Kätzchen nicht angesprochen.

Auf einen Blick

Grundausstattung für die Katz'

Einkaufs-Checkliste

- Transportbox
- 2 Futternäpfe
- 1 Trinknapf
- Katzentoilette
- Einstreu mit Schaufel
- Schlaf- und Kratzbaum
- Kamm
- Bürste
- Spielzeug

- Futter und Leckerchen (das gleiche Futter wie beim Züchter)

Auch das kann nötig sein:

- Sicherungen für Fenster, Balkon oder Garten
- Katzenklappe
- Leine und Geschirr
- Unterlage für Napf
- Fleckenspray
- Fusselrolle

Schlafen

Es kommt, sieht den Kratzbaum und schon liegt es dort oben, macht sich in der kleinen Plüsch-Hängematte breit (so gut das eine Hand voll Katze eben kann) und sieht frech auf Sie herunter mit einem Blick, der sagt: Hier gefällt's mir, hier bleib ich. Schlafkörbchen, die nach Hunde-Fasson auf dem Boden stehen, sind bei weitem nicht so beliebt. Dorthin zieht es ein Kätzchen nur wenig, außer natürlich, es liegt ein kuschelfreundlicher Hund darin, oder eine liebe Katze, die nichts dagegen hat, wenn sie von einem kleinen Springinskörbchen besucht wird. Schlafkissen auf Schränken und Regalen sind beliebt wie Kratzbäume, weil sich Katzen oben sicher fühlen, alles im Blick behalten und vielleicht sogar einen Blick nach draußen haben.

Fressen

Futternäpfe stellt man meistens in die Küche oder in den Flur. Der Wassernapf darf ruhig woanders stehen. Denn Katzen trinken nicht gerne dort, wo sie fressen. Eine abwischbare Unterlage werden Sie vermutlich ohnehin bald verwenden, denn selbst die edelste Katze kleckert gerne mit dem Futter herum.

Toilette

Katzentoiletten-Schalen, -Häuschen und -Höhlen gibt es mit und ohne Geruchsbremse in vielen Ausführungen. Ein Kätzchen gewöhnt sich in der Regel noch an jede Form. Vergessen Sie nicht die Streu. Die Toilette sollte in einer ruhigen Ecke stehen und für die Katze immer leicht zugänglich sein.

Kratzen

Krallen schärfen muss sein. Für die Katze ist es ein sinnliches Vergnügen. Es gehört zur morgendlichen „Toilette". Das Wetzen dient auch dazu, seinen Besitz zu markieren. Da sie unseren Besitz wie Sofa und Türen nicht mit ihren Spuren zieren soll, sind Kratzbäume mit kratz-animatorisch wertvollem Sisal umwickelt. Aus diesem Material gibt es auch Kratzbretter, Kratz-Mauereckenschoner und einiges mehr. Die Kratzgelegenheit steht der Katze am besten im Weg und zwar zwischen Schlaf- und Fressplatz.

Spielen

Spielzeug soll katzengerecht klein wie künstliche Mäuse, Bälle etc. sein. Kaufen Sie gleich etwas mehr davon ein, denn auf seltsame Weise verschwinden die Spielsachen häufig sehr schnell und tauchen erst zum Frühjahrsputz wieder auf ...

Sicher mitfahren

Nehmen Sie eine stabile Plastikbox und keine Rattanhöhle. Die Tür schließt besser, der Boden ist wasserdicht, der Griff löst sich nicht mit der Zeit und die Katze hat meistens auch mehr Platz. Denken Sie daran, dass Ihr Mini sich noch auswächst. Für Flugreisen sind Plastikboxen Vorschrift.

Kämmen

Wenn Sie für die Katze Kamm und Bürste kaufen, nehmen Sie auch gleich einen Entfussler für Teppich, Polster und Ihre Kleidung mit. Kurzhaarkatzen müssen nur zum Fellwechsel im Frühjahr und Herbst gut gekämmt werden. Je dichter und länger das Fell, desto mehr müssen Sie der Katze helfen, es zu pflegen.

2

Ernähren und pflegen

Richtig füttern ist ganz einfach

Leckeres für jeden Tag

Das reichhaltige Angebot an Fertignahrung macht es dem Halter leicht, eine Katze gesund zu ernähren und sogar altersgerecht mit den nötigen Nährstoffen zu versorgen. Am einfachsten ist es daher, die speziell für junge Katzen hergestellte Fertignahrung zu geben. Füttern Sie immer zur selben Zeit. Dann lernt das Kätzchen schnell, sich auf diesen Zeitpunkt einzustellen und verlangt von selbst nach seinem Futter.

Katzen, die überwiegend Trockenfutter fressen, müssen viel Wasser trinken.

Junior-Futter

Sie müssen kein Ernährungsexperte in Sachen Inhaltsstoffe werden, sondern können sich darauf verlassen, dass Ihr Kätzchen alles bekommt, was es braucht. Eine ausgewogene Nahrung für junge Katzen selbst zusammenzustellen, ist auch keine leichte Aufgabe. Gerade im Wachstum benötigt der kleine Körper viel Calcium und einige andere Stoffe, die schon in optimaler Zusammensetzung im Junior-Futter enthalten sind.

Lieblingsfutter fürs Leben

Am besten füttern Sie deshalb Vollnahrung als Dosen- oder Trockenfutter. Beides enthält eine Mischung aus Fleisch (Muskelfleisch, Herz, Leber und Lunge). Dazu kommt ein kleinerer Anteil Getreide wie Reis, Mais, Gerste und Weizen. Ferner enthält es Gemüse, Vitamine und Mineralien. Dem Trockenfutter ist nur das Wasser bis auf etwa 10 bis 15 % entzogen worden. Fertignahrung wird von vielen Herstellern in den unterschiedlichsten Qualitäts- und Preisklassen angeboten.

→ Wie viel Futter braucht die Katze?

Alter des Kätzchens	Körpergewicht in kg	Mahlzeiten pro Tag	Täglicher Bedarf
2-4 Monate	0,8-1,6	4-5	190-300 g
4-5 Monate	1,6-2,0	3-4	280-300 g
5-6 Monate	2,0-2,5	2-3	230-280 g
6-8 Monate	2,5-3,5	2	230-330 g
ab 8 Monate	4,0-4,5	2	300-330 g

Qualität zu wählen ist hier nie verkehrt. Katzen können übrigens zeitlebens problemlos mit der gleichen Sorte ernährt werden, sie müssen es aber nicht. Manche futtern sich sogar mit großem Appetit durch sämtliche Sorten und Geschmacksrichtungen hindurch.

Trockenfutter

Das trockene hat gegenüber dem feuchten Futter zwei große Vorteile. Erstens ist es gut für die Zahnpflege: Es hilft durch seine Härte, den Kauapparat zu kräftigen, weil es die Katze zwingt, richtig zu kauen und die Zähne bleiben sauberer als beim Feuchtfutter. Zweitens ist es immer verfügbar: Vor allem in den Sommermonaten ist Trockenfutter hygienischer. Es kann über den Tag stehen bleiben, ohne zu riechen, zu verderben oder dicke Fliegen anzulocken.

Paté oder Gelee?

Alle Vorschläge zur richtigen Katzenernährung sind gut, wenn die Katze das Angebotene auch frisst. Es gibt aber eine Menge Feinschmecker unter ihnen. Sollte die Katze nicht fressen, bietet man ihr eine andere Marke oder Geschmacksrichtung an (von Huhn bis Shrimps ist fast alles da). Man kann auch eine andere Zubereitungsform (Gelee, Pastete, Stücke mit Soße etc.) probieren oder eher probieren lassen. Bald wird man feststellen, ob die Katze nur auf Abwechslung aus war, oder ob eine echte Appetitlosigkeit vorliegt. Gibt man Vollnahrung, kann man auf Hefe-, Vitamin- oder Gemüseflocken verzichten. Da meine Katzen diese aber so gern mögen, streue ich ein bisschen davon übers Futter.

Egal was Sie geben, wichtig ist, dass junge Kätzchen öfters mit kleinen Portionen gefüttert werden, weil sie noch einen so kleinen Magen haben.

À la carte für die Katze?

Die Alternative zum Fertigfutter wäre Selbstgekochtes. Beim Kochen gehen jedoch wichtige Vitamine verloren, ganz zu schweigen vom Arbeitsaufwand. Wenn Sie sich die Mühe machen wollen, informieren Sie sich in entsprechender Spezialliteratur. Selbst gekocht ist nicht immer ungefährlich. Leber zum Beispiel: Sie ist zwar reich an Vitamin A und D, doch zu viel Vitamin A kann zu Knochenauswüchsen und Lähmungen führen.

Frisches Fleisch

Fleisch kann ab und zu neben dem Fertigfutter verabreicht werden. Für die Katze ist es wichtig, Gebiss und Kauapparat beim Verzehr größerer Fleischbrocken zu benutzen. Wegen der Aujeszkyschen Krankheit, die durch rohes Schweinefleisch übertragen wird und für Katzen absolut tödlich ist, sollte das Fleisch grundsätzlich gekocht werden. Süßwasserfische, Geflügel- und Putenfleisch sind, ebenso wie rohes Hühnerei, häufig von Salmonellen befallen. Allein beim Geruch von frischem Fleisch sind manche Katzen kaum noch zu halten vor Gier. Denken Sie jedoch an die Gefahren und kochen Sie die Brocken gut durch. Auch Fisch oder Ei sollten Sie niemals roh füttern! Einen Fütter-Leitfaden finden Sie auf Seite 38.

EXTRA
Kulinarisches für Katzen

Zu kalt? Liebe zum Futter geht durch die Nase. Wenn es zu kalt ist, riecht es nicht appetitlich und wird abgelehnt.

Zimmerwarm schmeckt's

Das Futter sollte lauwarm sein, d.h. Zimmertemperatur haben und niemals direkt aus dem Kühlschrank genommen werden. Zu kaltes Futter bekommt nämlich dem Magen der Katze nicht und wird auch meist abgelehnt. So holen Sie entweder eine schon offene Dose rechtzeitig aus der Kühlung oder Sie kaufen gleich Schälchen, Beutel oder kleine Dosen, so dass gar kein Rest in den Kühlschrank wandert.

Wann sie genug hat

Eine Katze soll satt, aber nicht dick werden. Wie viel Sie pro Mahlzeit anbieten sollten, finden Sie zumeist auf der Dose oder Verpackung. Dort stehen die Mengenangaben für eine Hauskatze mit einem Normalgewicht von etwa vier Kilo. Einen groben Richtwert für die Futtermenge liefert auch die Tabelle auf Seite 36. Frisst die Katze nicht alles auf, kürzt man die nächste Futterration um diesen Rest.

Langsam und genussvoll

Katzen nehmen sich, im Gegensatz zu Hunden, zum Fressen viel Zeit. Sie schlingen keine dicken Brocken hinunter, sondern kauen langsam und genüsslich. Sie rennen sogar oft mal schnell davon, als wäre ihnen soeben etwas Dringendes eingefallen, nur um gleich wieder aufzutauchen, um in Ruhe weiterzufressen. Deshalb lassen Sie den Napf besser noch ein bisschen stehen.

Katzen brauchen frisches Wasser. Hat Ihre Katze keinen Durst auf Leitungswasser, können Sie es mit einem Schluck Wasser aus der Regentonne versuchen.

Wovor ihr ekelt

Die Nahrung muss natürlich immer frisch sein. Im Winter ist das kein so großes Problem. Es bleibt frisch, selbst wenn man es zwei Stunden stehen lässt. Im Sommer dagegen vermehren sich in dieser Zeit nur allzu schnell Bakterien, und Fliegen können ihre Eier ablegen, so dass ich dann nach spätestens einer Stunde alle Reste entferne, denn danach rühren sie das Futter ohnehin nicht mehr an. Tagsüber biete ich meinen Katzen Trockenfutter an.

Klasse Regenwasser

Eine Katze kann erstaunlich lange ohne Nahrung überleben. Ohne Wasser dagegen kommt sie nur wenige Tage aus. Draußen trinken Katzen gerne aus Pfützen. Meine Wohnungskatzen mögen das Wasser aus dem Zimmerbrunnen besonders gern oder das Regenwasser aus einem Topf auf dem Balkon, während ihnen das frische Wasser fast nie schmeckt. Möglicherweise, weil dieses gechlort ist.

Eine Katze ist keine Kuh

Milch taugt weder als Getränk noch als Nahrungsmittel für Katzen. Viele bekommen von Milch und Sahne Durchfall, da sie den Milchzucker (die Laktose) nicht vertragen. Andererseits enthalten gerade Milchprodukte wertvolles Eiweiß und Kalzium. Um es der Katze zukommen zu lassen, ist es besser, vergorene Milchprodukte wie Joghurt, Quark, Dickmilch oder Hüttenkäse zu verfüttern. Meine Katzen etwa lieben Quark über alles. Mit Milch sollten Sie aber immer vorsichtig sein. Seit einigen Jahren gibt es als Ersatz für Kuhmilch im Zoofachhandel auch eine spezielle Katzenmilch.

Grünzeug für die Katz'?

Katzen knabbern gelegentlich an Zimmerpflanzen oder an Grasbüscheln im Garten herum. Sie tun das deshalb, weil ihnen das Gras als Verdauungshilfe dient.
Normalerweise brauchen Katzen zur Verdauung keine zusätzliche Unterstützung. Aber aus den losen Haaren, die sie bei der Fellpflege zwangsläufig aufnehmen und verschlucken, können sich in ihrem Magen Haarballen bilden, die dann zu Verdauungsstörungen führen.

Sie ist nicht plötzlich zum Vegetarier geworden! Katzen brauchen Gras, um sich der beim Putzen verschluckten Haare zu entledigen.

Gras als Verdauungshilfe

Das Gras reizt nach der Aufnahme die sehr empfindliche Magenschleimhaut und löst damit Erbrechen aus. Ohne Erbrechen kann es im schlimmsten Fall sogar zu Magen- und Darmverschlüssen kommen, denn Haare sind unverdaulich.
Freilauf-Katzen benötigen kein Katzengras. Den reinen Wohnungskatzen muss man das „Grasknabbern“ in irgendeiner Form ermöglichen.
Katzengras bekommen Sie als Fertigpackung (Keimschalen) im Zoofachhandel, der außerdem auch eine Verdauungshilfe in Form einer Paste anbietet.

Augen, Ohren, Nase und Fell

Wellness für Widerspenstige

Augen, Ohren, Nase, Fell und Po okay? Legen Sie bei Ihrer Schmuserunde eine kurze Gesundheitskontrolle ein.

Augen: wischen

Sie ist bei Katzen nur gelegentlich erforderlich und lässt sich ohne größeren Aufwand mit einem Wattebausch oder Papiertaschentuch erledigen. Bei manchen Perserkatzen ist allerdings die Tränenabsonderung so stark, dass man die Augen täglich reinigen muss. Ist das Sekret im Fell angetrocknet, verwendet man am besten ein mit warmem Wasser oder milder Augenpflegetinktur angefeuchtetes Wattestäbchen.

Ohren: nicht stochern

Die Pflege des Ohrs ist für die Katze selbst nicht möglich. Nach Bedarf, wenn man eine Verschmutzung durch Ohrschmalz festgestellt hat, wird nur das äußere Ohr – so weit man hineinsehen kann – vorsichtig mit einem Wattestäbchen gesäubert. Niemals im Ohr herumstochern! Sollten Sie stärkere Verschmutzungen feststellen, etwa schwarzbraune Krusten, könnte es sich um Ohrmilben handeln, und der Tierarzt muss zu Rate gezogen werden.

Krallen: nur kürzen

Lassen Sie sich das Krallenschneiden vom Tierarzt oder einer darin erfahrenen Person zeigen. Beim Springen, Klettern und Toben werden die Krallen auf natürliche Weise abgenutzt, deshalb ist ihre Pflege nicht unbedingt notwendig. Zum Schärfen der Krallen ist ein Kratzbrett oder Kratzbaum

Von wegen Katzenwäsche

Einem Bad stehen die meisten Katzen sehr ablehnend gegenüber. Bei bestimmten Hauterkrankungen gibt es leider keine Alternative. Bei Perserkatzen erleichtert es die Fellpflege ungemein, da sie nach einem Bad wieder seidiges Haar haben, das nicht so schnell zum Verfilzen neigt. Man sollte aber schon in frühester Jugend damit anfangen und das Kätzchen regelmäßig baden.

Egal, ob Sie ein Bad aus medizinischen oder aus Schönheitsgründen durchführen, Sie brauchen einen Helfer, der die Katze festhält und sie beruhigen kann, während Sie sie waschen. Legen Sie eine Gummimatte in die Wanne, füllen Sie warmes Wasser (ca. 30 °C) etwa zehn Zentimeter hoch ein. Katze hineinstellen, festhalten, von Kopf bis Schwanz nass machen und mit einem Baby- oder speziellem Katzenshampoo einschäumen.

Achten Sie darauf, dass kein Schaum in Augen, Nase und Ohren eindringt. Sorgfältig ausspülen, Katze in ein bereitgelegtes Frotteetuch wickeln und gut trocknen. Die Katze darf anschließend mindestens einen Tag nicht ins Freie, und auch vor sonstiger Zugluft muss man sie schützen.

Ohren, Augen, Nase, Zähne, Fell und Po werden täglich kontrolliert. Hin und wieder sollten Sie auch die Zähne ansehen und prüfen, ob sich Zahnstein gebildet hat. Zu lange Krallen müssen ab und zu geschnitten werden.

hervorragend geeignet. Sie können aber auch, wenn Sie merken, dass Ihre Katze beim Laufen im Teppich hängen bleibt, die Krallen der Vorderpfoten ein wenig kürzen. Mit einer Spezialzange wird dabei vorsichtig der vordere, nicht durchblutete Teil der Kralle abgeknipst.

Zähne: kontrollieren

Zahnfleischentzündungen und Zahnsteinbefall nehmen immer mehr zu. Die Ursachen liegen in der vermehrten Wohnungshaltung und der damit verbundenen Verabreichung von weichem Dosenfutter. Kontrollieren Sie von Zeit zu Zeit das Gebiss und das Zahnfleisch Ihrer Katze. Zahnstein lassen Sie vom Tierarzt entfernen.

Po: säubern

Das Hinterteil hält sich eine Katze selbst sauber. Juckt es, rutscht sie auf dem Po oder kratzt sich dort, eventuell kann die Analdrüse verstopft sein oder Wurmbefall vorliegen. Das wiederum wird der Tierarzt feststellen. Bei der Perser kann es, bedingt durch die langen Haare, manchmal vorkommen, dass etwas Kot kleben beziehungsweise hängen bleibt. Lassen Sie die Verschmutzungen erst antrocknen, danach können sie mit Puder und Kamm leichter entfernt werden. Bei stärkerer Verschmutzung müssen Sie die Partie mit einem milden Shampoo und lauwarmem Wasser vorsichtig auswaschen.

Fell: durchsehen

Kratzt sich die Katze, könnte sie Flöhe, Haarlinge, Milben oder einen Pilzbefall haben. Sehen Sie das Fell regelmäßig gründlich durch, bis hinunter auf die Haut. Sieht etwas entzündet aus oder gehört nicht ins Fell, wie schwarze Pünktchen, Verkrustungen, Krabbeltiere etc., gehen Sie zum Arzt mit ihr. Schmutz oder Kletten, Tannennadeln oder Laub entfernen Sie mit Kamm und Bürste, notfalls mit einem reinigenden Bad. Ist die Katze das Kämmen nicht gewohnt, wird sie sich wehren. Mit einer weichen Bürste übers Fell zu streichen gilt in den Augen einer Hauskatze gerade noch als Streicheln. Sobald man ihr aber mit Entfilzer-Kamm kommt, ist bei ihr Schluss mit lustig. Ein Helfer könnte nötig sein, der sie festhält. Alles über die Fellpflege erfahren Sie auf der folgenden Seite.

Pflege von Kopf bis Fuß

Mit Schere, Kamm und Belohnung

Fellpflege statt Frisur! Selbst eine superschöne Edelkatze braucht im Alltag keine Schleifchen im Fell. Aber die Bürste durchs Fell zu ziehen, ist trotzdem wichtig!

Katzen sind richtige Putzteufel und widmen ihrer Körperpflege sehr viel Zeit. Gesunde Kätzchen beginnen sogar schon im Alter von zwei bis drei Wochen, sich mit den Hinterpfoten am Kopf zu kratzen und ihr Fell zu putzen. Wenn die Mutter sie sauber leckt, beginnen sie zu schnurren, weil sie die Streicheleinheiten genießen, die später die Hände des Menschen übernehmen.

Dem Filz vorbeugen

Von der Fellpflege sind gerade Langhaarkatzen mit ihrer dichten und leicht filzenden Unterwolle nicht so begeistert. Es ziept und zerrt, wenn der Kamm an einem Haarknoten hängen bleibt und das lässt die Katze die Krallen ausfahren. Gewöhnen Sie Ihr Kätzchen deshalb frühzeitig an Kamm und Bürste, belohnen Sie es mit Spiel und kleinen Leckereien und es wird sich gern bei der Körperpflege unterstützen lassen. Mit Gewalt geht das natürlich nicht.

Täglich gegen den Perser-Teppich

Der lange und dichte Pelz der Perser muss täglich gepflegt werden. Versäumt man dies, kann das Fell hoffnungslos verfilzen, und man muss die Knoten mit der Schere herausschneiden. Zum Kämmen braucht man spezielle Stahlkämme mit abgerundeten Zinken, einen groben und einen feinen. Wichtig ist, dass man die Haare lagenweise von unten nach oben durchkämmt.

→ Kamm oder Bürste?

Zum Kämmen sollte man je einen speziellen Stahlkamm mit weiten und einen mit engeren Zinken benutzen. Der Fachhandel bietet hier verschiedene Modelle an. Beachten Sie bitte, dass die Spitzen der Zinken abgerundet sind. Wichtig ist, dass man die Haare lagenweise von unten nach oben durchkämmt. Es hat keinen Sinn, nur von oben zu kämmen, man kommt sonst niemals auf den Grund, da die Haare zu dicht sind. Mit einer Glanzbürste kann man nach dem Kämmen das Fell auflockern. Normale Bürsten eignen sich nicht, da sie das Fell nur oberflächlich glätten, statt es zu entwirren.

Kleine Tricks

Nicht vergessen darf man Brust, Bauch und die Innenseite der Schenkel, wozu man die Katze am besten an den Vorderbeinen hochhebt. Leichte Verschmutzungen erst antrocknen lassen und dann mit etwas Puder und einem Kamm entfernen. Bei stärkeren Verschmutzungen waschen Sie die Stelle mit mildem Shampoo und lauwarmem Wasser im Waschbecken aus und trocknen den Körperteil anschließend mit einem Handtuch ab.
Einen so genannten Fettschwanz (bei unkastrierten Katern) bekämpfen Sie, indem Sie regelmäßig Mais- oder

Kartoffelmehl ins Fell massieren, einige Zeit einwirken lassen und dann sorgfältig ausbürsten. Manchmal hilft nur das Waschen der Stelle mit einem Fett lösenden Spülmittel.

Duftig und locker

Ab und zu können Sie Ihre Perserkatze mit einem Spezialpuder auch am ganzen Körper behandeln. Sie streuen ihn gegen den Strich in das aufgelockerte Fell, lassen ihn am besten über Nacht einwirken und kämmen ihn am nächsten Tag sorgfältig aus. Sie werden sehen, Sie haben danach nicht nur eine „duftige“ Katze, sondern auch viel weniger Arbeit bei der täglichen Fellpflege.

Halblanges Fell

Die Halblanghaarkatzen sind noch relativ pflegeleicht. Regelmäßiges Durchkämmen sollte trotzdem zur täglichen Aufgabe gehören. Mit einem Kamm, der längere und kürzere Zähne haben sollte, kämmt man, vom Haaransatz zur Spitze, Oberfell und Unterfell gleichmäßig durch.

Auch kurzes Haar soll schön sein

Die tägliche Pflege einer Kurzhaarkatze ist wenig aufwendig und lässt sich ganz gut mit den regelmäßigen Streicheleinheiten verbinden. Eine kräftige Massage mit der Hand nimmt das tote und ausgefallene Haar weg und fördert die Durchblutung der Haut, was für ein glänzendes und gesundes Fell sehr wichtig ist. Eine Bürste, eventuell mit Gumminoppen, kann man zur Unterstützung einsetzen, denn vor allem beim Haarwechsel sollte man die Katze regelmäßig bürsten, um die losen Haare zu entfernen, damit sie beim Putzen nicht so viele verschluckt.

Eine glänzende Idee

Nach dem Bürsten und Kämmen glättet man mit einem Fensterleder oder feuchten Tuch das Fell, die restlichen Haare bleiben hängen, das Fell liegt eng und fest am Körper an und bekommt einen herrlichen Glanz. Gekämmt, gebürstet und geglättet wird immer in Strichrichtung des Haares.

Katzen nehmen ihre Fellpflege sehr ernst und investieren viel Zeit. Unterstützen Sie Ihr Kätzchen beim Kampf gegen lose Haare.

EXTRA
Guter Rat im Urlaub

Katzen sind von Natur aus nur wenig reisefreudig. Machen Sie sich deshalb rechtzeitig Gedanken darüber, wie Ihre Katze während Ihres Urlaubs versorgt wird.

Katzen bevorzugen ihre eigenen vier Wände während der Urlaubszeit. Sorgen Sie für eine gute Betreuung und lassen Sie sie zu Hause.

Zu Hause

Am liebsten bleibt die Katze in ihrer gewohnten Umgebung und ist gar nicht traurig, wenn sie nicht verreisen muss. Optimal ist es, eine wirklich zuverlässige Person mit der Betreuung zu beauftragen. Diese füttert die Katze zweimal täglich und reinigt die Katzentoilette. Ein zusätzliches „Gespräch", ein kleines Spiel und ein paar Streicheleinheiten tragen wesentlich zum Wohlbefinden der Katze bei. Weisen Sie die Person vor Ihrem Urlaub ein und machen Sie sie mit Ihrer Katze bekannt. Auch hier gilt: Zwei Katzen fühlen sich nicht so einsam wie eine.

Bei Freunden

Vielleicht haben Freunde oder Verwandte Ihr Kätzchen ins Herz geschlossen und nehmen das pflegeleichte Wesen für die Zeit des Urlaubs zu sich nach Hause. Sollte dies der Fall sein, so nehmen Sie das Tier schon vor der Urlaubszeit einige Male in sein Feriendomizil mit, damit es sich nicht ganz so fremd fühlt. Futternäpfe, Katzentoilette, Streu, Kuschelhöhle und Spielzeug gehören mit ins „Gepäck". Natürlich sollte auch genügend Futter für die Pensionszeit gekauft werden.

Mitnehmen

Eine weitere Lösung wäre, dass Sie Ihre Katze mit in den Urlaub nehmen, auch wenn das für Ihre Katze Stress bedeutet.

Seit einigen Jahren brauchen Heimtiere ihren eigenen Pass. Einen Heimtier-Ausweis bekommen Sie von Ihrem Tierarzt.

Bei Ferien in Hotel, Ferienwohnung oder Campingplatz fragen Sie bitte vorher an, ob Katzen willkommen sind. Seit ein paar Jahren benötigen Heimtiere, die verreisen, einen Heimtier-Ausweis. In manchen Ländern sind bestimmte Impfungen vorgeschrieben. Andererseits lauern in südlichen Ländern auch Krankheiten, die es bei uns nur selten gibt. Erkundigen Sie sich vorher nach den Einreisebestimmungen des jeweiligen Urlaubslandes (Reisebüro, Tierarzt, ADAC, Konsulate).

Katzenhotel

Für eine Notlösung halte ich die Unterbringung in einer Tierpension. Für solch ein sensibles Tier wie eine Katze bedeutet das erheblichen Stress.

Catsitter-Clubs

Wer keine katzenfreundlichen Bekannten hat, kann Kontakt zu so genannten „Catsitter-Clubs“ aufnehmen. In fast allen größeren Städten helfen sich Katzenfreunde auf Gegenseitigkeit nach dem Motto: „Nimmst du meine Katze, nehme ich deine.“ Während der eine im Urlaub ist, schaut der andere nach der Katze des Urlaubers und umgekehrt.

Tipp

Auto fahren

Ob Sie Ihre Katze mit in den Urlaub nehmen oder zu Freunden bringen – es ist auf jeden Fall von Vorteil, wenn Sie das Kätzchen, solange es noch jung ist, an die Fahrt im Auto gewöhnen. Auch der gelegentliche Besuch beim Tierarzt wird dadurch angenehmer, wenn das Kätzchen an Fahrten gewöhnt ist.

Nachwuchs muss nicht sein

Kastrieren bringt Vorteile

Unkastrierte Katzen oder Kater frei herumlaufen zu lassen, vergrößert nur das Katzenelend und hat nichts mit Tierschutz zu tun. Werden Kätzinnen oder Kater nur in der Wohnung gehalten, so ist das Sexualverhalten von beiden oft eine unzumutbare Belastung – für Mensch und Tier.

Lassen Sie Ihre Katzen kastrieren, wenn Sie nicht züchten wollen. Oftmals werden die Tiere sogar anhänglicher.

Sie: rollig und nervig

Kätzinnen sind mit sechs bis neun Monaten in der Lage, Babys zu bekommen. Vom Frühling bis in den Frühherbst hinein kann eine gesunde Katze alle vierzehn Tage rollig werden. Sie ist unruhig, rollt sich mit gurrenden Lauten auf dem Boden herum und schreit nach dem nächsten Kater. Der Zustand dauert einige Tage und zerrt an den Nerven der Mitbewohner. Nach drei oder vier Rolligkeiten wird man seine Kätzin gern zur Kastration anmelden.

Endlich erwachsen? Eine geschlechtsreife, unkastrierte Katze kann durch ihr Sexualverhalten ziemlich belastend werden.

Er: potent und penetrant

Ein geschlechtsreifer Kater markiert dagegen sein Revier, das er auch noch immer mehr ausweiten wird, mit übel riechendem Urin. Auch hier hilft nur die Kastration. Und die hat überdies den Vorteil, dass sich ein Freilaufkater gar nicht erst ans Streunen gewöhnt. Er wird weniger weit draußen herumlaufen und nicht mehr Tage, Wochen oder sogar Monate von zu Hause fort bleiben. Manche potente Kater kommen gar nicht mehr zurück.

Was heißt kastrieren?

Um diese unangenehmen Begleiterscheinungen auszuschalten, werden sowohl Kätzinnen als auch Kater unfruchtbar gemacht. Bei ihm werden die Hoden entfernt, bei ihr die Eierstöcke und die Gebärmutter. Der Eingriff geschieht unter Narkose und ist beim Kater schnell und einfach. Er ist schon innerhalb eines Tages wieder fit. Das Weibchen muss sich dagegen von einer Operation mit Bauchschnitt erholen und braucht ein paar Tage länger Schonzeit.

Schonzeit nach dem Eingriff

Dies ist wörtlich zu nehmen. Lassen Sie keine andere Katze in die Nähe einer frisch operierten. Der Narkosegeruch wird oft als unangenehm und fremd aufgenommen und kann dazu führen, dass der alte Kumpel nicht wiedererkannt und dauerhaft abgelehnt wird.

Die Sterilisation ist unüblich
Manchmal hört man für die Kätzin auch den Ausdruck „Sterilisation", der aber nicht korrekt ist. Sterilisation bedeutet nämlich lediglich das Unterbrechen der Eileiter. Die Eierstöcke bleiben nach wie vor funktionstüchtig, produzieren nach wie vor Hormone und lassen die Katze dadurch weiterhin rollig sein, auch wenn sie keine Babys mehr bekommen kann. Das heißt also, dass eine Sterilisation unfruchtbar macht, aber nicht die Rolligkeit und das damit verbundene Verhalten verhindert.

Sie können wunderbar ein Geschwisterpärchen zusammen halten, wenn beide rechtzeitig kastriert werden.

Der Charakter ändert sich nicht

Leider glauben viele Menschen, dass Katzen nach der Kastration ihren Charakter verändern. Doch das ist nicht der Fall. Viele unkastrierte Katzen, die nie einem Partner zugeführt werden, verändern sich oft in ihrem Wesen zum Negativen. Falsch ist auch die Behauptung, dass kastrierte Katzen fett und faul werden. Sie benötigen nur etwas weniger Kalorien. Füttern Sie weniger und spielen Sie mehr, dann taucht das Problem gar nicht auf.

Möglichst früh kastrieren

Möglich und ratsam ist eine Unfruchtbarmachung in jedem Alter, sobald das Tier weitgehend ausgewachsen ist, nicht jedoch, bevor es den sechsten (Katze) beziehungsweise den achten Lebensmonat (Kater) erreicht hat, wobei der Trend sowohl bei der Katze als auch dem Kater zur Frühkastration geht. Die Kastration unterbindet nicht nur die Paarungsbereitschaft, sie schützt auch vor Scheinträchtigkeit und Gebärmuttererkrankungen.

→ *Erwachsen? Man hört und riecht es*

Erwachsen ist eine Katze dann, wenn ihr Skelett aufhört zu wachsen. Meist merkt man es daran, dass der Appetit etwas nachlässt. Ein Weibchen wird dann zum ersten Mal rollig, das heißt, es ist geschlechtsreif geworden und zeigt seine Paarungsbereitschaft durch laut klagendes Maunzen. Es wälzt sich auf dem Boden und wird buchstäblich hinten höher als vorne. Kätzinnen sind mit sechs bis neun Monaten rollig, also in der Lage, Babys zu bekommen. Kater sind mit der Geschlechtsreife etwas später dran, beginnen dennoch allmählich zu markieren. Deshalb lässt man Kater und Katzen mit etwa neun Monaten kastrieren.

Impfen und Parasiten vorbeugen

Die Gesundheitsvorsorge

Warten in der Box: Im Wartezimmer behalten Sie das Kätzchen immer im Transportbehälter, denn die Gefahr der Übertragung von Parasiten oder einer ansteckenden Krankheit wäre viel zu groß.

Warten Sie nicht, bis Ihre Katze krank ist oder ein Notfall eintritt. Stellen Sie das Kätzchen lieber schon vorher dem Tierarzt vor. Bringen Sie die Katze selbst, damit der Tierarzt auch kompetente Antworten auf seine Fragen bekommen kann. Um in der Aufregung nichts zu vergessen, ist es am besten, sich vorher einige Notizen zu machen. Grundsätzlich sollten Sie einmal im Jahr für das notwendige Impfprogramm dorthin gehen. Dabei kann dann auch ein allgemeiner Gesundheitscheck durchgeführt werden.

Sofort zum Arzt

Zögern Sie nicht, sofort zum Tierarzt zu fahren, wenn die Katze sich auffällig benimmt oder Sie Folgendes beobachten können: ungewöhnliche Änderungen im Verhalten, Speicheln und Hecheln, stumpfes, struppiges und glanzloses Fell, breiiger oder flüssiger Stuhlgang. Lieber einmal mehr als einmal zu wenig zum Tierarzt gehen!

Impfen lassen!

Gegen die gefährlichsten Infektionen kann man die Katze durch Impfungen zuverlässig schützen.

Katzenseuche

(Panleukopenie) ist eine hochgradig ansteckende, fieberhaft verlaufende Erkrankung der Katze, deren Erreger sehr widerstandsfähig ist. Seit vielen Jahren gibt es jedoch einen wirksamen Impfschutz gegen diese Krankheit.

Katzenschnupfen

ist ebenfalls eine weit verbreitete, ansteckende Viruserkrankung, an der Katzen jeden Alters erkranken können, junge Katzen sind jedoch besonders anfällig. Der Name Schnupfen verharmlost die Schwere der Erkrankung. Die Behandlung erkrankter Tiere ist schwierig und kann mehrere Wochen dauern. Deshalb ist eine Impfung dringend anzuraten.

Die Kosten

Großzügig geschätzt, sollten Sie etwa 100 Euro pro Monat für die Katze zur Verfügung haben. Für Futter, Streu und Pflegemittel von guter Qualität muss mit etwa drei Euro pro Tag und Katze gerechnet werden. Dazu kommen die jährlichen Impfungen gegen Katzenseuche, -schnupfen, evtl. Leukose und Tollwut für Freilaufkatzen. Man kann aber auch schon mit der Hälfte hinkommen, wenn man sich mit einfacherer Qualität zufrieden gibt.

Leukose

Ein heimtückisches Virus ist der Verursacher der Katzenleukose. Es befällt nicht nur verschiedene Organe, sondern schwächt zusätzlich das Immunsystem der Katze. Eine Übertragung ist nur von Katze zu Katze möglich.

Sie erfolgt durch infizierten Speichel. Im Gegensatz zum Katzenseuchevirus, das sehr lange außerhalb des Tieres überleben kann, ist das Leukosevirus außerhalb des Katzenkörpers sehr labil und verliert schnell seine Ansteckungskraft. Durch einen Leukose-Test kann nachgewiesen werden, ob das Virus im Blut vorliegt. Seit einigen Jahren gibt es auch hier eine vorbeugende Impfung, die jährlich aufgefrischt werden muss, um den Impfschutz zu erhalten.

FIP

Erst in den 60er Jahren wurde das FIP-Virus (Feline infektiöse Bauchfellentzündung) entdeckt. Es greift das Immunsystem des Körpers an, und der Krankheitsverlauf ist in den meisten Fällen tödlich. Es gibt aber auch Tiere, die das Virus in sich tragen, ohne Krankheitszeichen zu zeigen. Auch gegen das FIP-Virus gibt es eine Schutzimpfung.

Tollwut

Tollwut ist eine akute, immer tödlich verlaufende, virusbedingte Infektionskrankheit, die alle Säugetiere und auch den Menschen befallen kann. Das Tollwutvirus gehört zu den gefährlichsten Viren, da es das Nervensystem und das Gehirn befällt und unheilbare Krankheitssymptome verursacht, die zum Tode führen. Freilaufkatzen müssen auf jeden Fall geimpft werden.

Flöhe, Zecken, Würmer

Alle Katzen müssen regelmäßig entwurmt werden. Freilauftiere benötigen von Frühjahr bis Herbst einen wirksamen Schutz gegen Flöhe und Zecken. Es gibt Ampullen beim Tierarzt, die man der Katze ins Nackenfell träufelt

Auch wenn Ihr Kätzchen quietschvergnügt auf seinem Körbchen herumturnt, sollten Sie es dem Tierarzt vorstellen, damit er es kennen lernt und untersuchen kann.

EXTRA

Schnelldiagnose

→ Die häufigsten Katzenkrankheiten

Symptome	*Mögliche Ursachen*	*Maßnahmen*
Erbrechen	Gastritis, Darmverschluss, Infektionskrankheiten wie FIV, Leukose	Bitte Diät füttern, nach 2 Tagen den Tierarzt aufsuchen. Bei unstillbarem Erbrechen bitte sofort zum Tierarzt.
Verstopfung	Haarballen, Fremdkörper, Darmverschluss	Katze auf Diät setzen. Setzt sie nach 2 Tagen noch keinen Kot ab, muss sie zum Tierarzt.
Durchfall	Würmer, Vergiftung, Infektionskrankheiten (FIV, Leukose)	Diät, eventuell entwurmen. Bei schwerwiegendem oder länger anhaltendem Durchfall zum Tierarzt.
Lahmheit	Insektenstich, Schnittwunde, Bruch, ausgerissene Kralle	Gliedmaßen gut untersuchen. Ein Insektenstich kann mit Essigwasser gelindert werden, alles andere gehört in die Hand eines Tierarztes.
Lähmung	Tollwut, Wirbelsäulenverletzung, Beckenbruch	Unbedingt zum Tierarzt. Liegt ein Verdacht auf Wirbelsäulenverletzung oder Beckenbruch vor, Katze möglichst wenig bewegen und in einer gut gepolsterten Kiste transportieren.
Krämpfe	Vergiftung, Epilepsie, Tollwut	Epilepsie: Wickeln Sie die krampfende Katze vorsichtig in ein Handtuch, damit sie sich selbst und Sie nicht verletzt. In allen Fällen bitte sofort zum Tierarzt.

Symptome	*Mögliche Ursachen*	*Maßnahmen*
Nasenausfluss *(wässrig, eitrig oder blutig)*	Infektionskrankheiten (Katzenschnupfen, FIP), Fremdkörper in der Nase oder der Lunge, Toxoplasmose, Vergiftung	Ist der Nasenausfluss einseitig und nicht wässrig, deutet dies auf ein ernsthaftes Problem hin (z.B. Fremdkörper), hier bitte zum Tierarzt. Das gilt auch bei Vergiftungsverdacht. Bei beidseitig wässrigem Ausfluss kann man die Katze inhalieren lassen.
Augenentzündung	Fremdkörper, Katzenschnupfen, nach innen gewachsene Wimpern	Hier sollte der Tierarzt zu Rate gezogen werden, damit man das Auge nicht verletzt.
Nickhautvorfall	Würmer, neurologisch bedingt	Wann wurde die Katze zuletzt entwurmt? Bei einem einseitigen Nickhautvorfall mit zusätzlichen Symptomen einen Augenspezialisten aufsuchen.
Starkes Speicheln	Zahnstein, Vergiftung, Fremdkörper	Mundhöhle untersuchen. Weist die Katze weitere Vergiftungssymptome auf, sofort zum Tierarzt.
Kopfschiefhaltung	Ohrenentzündung, Fremdkörper im Ohr	Ernst zu nehmendes Problem: Bitte gleich den Tierarzt aufsuchen.
Katze trinkt zuviel	Diabetes, Niereninsuffizienz	Trinkverhalten beobachten. Messen Sie die Menge ab und kontrollieren Sie dadurch, wie viel die Katze tatsächlich trinkt. Suchen Sie den Tierarzt auf, damit er eine Diagnose stellen kann.

Auf einen Blick

Mein Pflegeplan

Täglich

Wasser
Wechseln Sie einmal am Tag das Wasser und säubern Sie den Wassernapf, damit keine Bakterien entstehen.

Futter
Füttern Sie Ihr Kätzchen mindestens zweimal täglich (Menge & Häufigkeit siehe Seite 36). Ein Schälchen Trockenfutter kann auch gern den ganzen Tag über zur freien Verfügung bereitgestellt werden.

Toilette
Katzen lieben saubere Toiletten. Daher sollten Sie zweimal am Tag den Kot und die verklumpte Streu entfernen.

Spielstunde
Nehmen Sie sich Zeit für Ihren Stubentiger. Spielen Sie mit ihm oder legen Sie einfach eine genüssliche Schmuserunde ein.

Gesundheitskontrolle
Glänzende Augen? Trockene Nase? Sauberer Po? Kontrollieren Sie täglich, ob das Fell glänzt, Augen, Ohren, Nase und Po sauber, trocken und ohne Ausfluss sind und entfernen Sie gegebenenfalls vorsichtig Schmutz und Verklebungen.

Langhaarkatzen-Extra

Langhaarige Exemplare wie beispielsweise Perserkatzen müssen täglich gekämmt werden, damit das Fell nicht verfilzt.

Wöchentlich

Katzengras

Wie steht es um Ihr Katzengras? Kontrollieren Sie das Blumentöpfchen, gießen es zweimal die Woche und tauschen es gegebenenfalls gegen ein neues aus.

Toilette

Mindestens einmal pro Woche ist Großputz angesagt. Entfernen Sie die komplette Streu und schrubben Sie das Katzenklo mit heißem Wasser und mildem Reinigungsmittel. Nach dem Trocknen wird die Toilette mit frischer Streu (mindestens 5 cm hoch) gefüllt.

Fellpflege

Perfektes Styling und glänzendes Fell: Bürsten Sie Ihr Kätzchen vorsichtig in Wuchsrichtung des Fells. Währenddessen können Sie auch gleich einen Blick ins Mäulchen werfen, ob die Zähne in Ordnung sind, und die Länge der Krallen kontrollieren.

Monatlich

Schlafplatz

Kontrollieren Sie die Schlafplätze Ihres Kätzchens und waschen Sie seine Kuscheldecken. Wenn Sie dunkle Pünktchen (Flohkot) entdecken, sollten Sie sich vom Tierarzt entsprechende Mittel geben lassen.

Impfungen

Bis das Kätzchen grundimmunisiert ist, muss es zweimal im Abstand von drei Wochen geimpft werden. Anschließend wird die Impfung einmal im Jahr aufgefrischt. Lassen Sie Ihr Kätzchen gegen Katzenseuche, Katzenschnupfen, Leukose, FIP und gegebenenfalls gegen Tollwut impfen.

Urlaub

Wollen Sie verreisen, kümmern Sie sich rechtzeitig um einen lieben Menschen, der während Ihrer Abwesenheit Ihr Kätzchen versorgt. Wenn es mitfahren soll, informieren Sie sich rechtzeitig über die Bestimmungen des jeweiligen Landes und vergessen Sie den Heimtier-Ausweis nicht.

3

Verstehen & beschäftigen

Abenteuer für Wohnungskatzen

Spielen statt stromern

Katzen sind anpassungsfähig genug, um in einer Wohnung vollkommen zufrieden leben zu können. Ein Kätzchen, das von klein auf nur die Wohnung gekannt hat, wird vermutlich nichts vermissen.

Kleine Abenteuer

Wenn wir unserer Katze nur eine reine Wohnungshaltung anbieten, sollten wir ihr Spiel und Spaß und vielleicht auch einen Hauch von Abenteuer bieten. Denn die Meinung, Katzen würden sich schon irgendwie durchschlagen und sich mit Mäusen vergnügen, kann für sie ja nicht gelten.

Vorsicht Verwicklungen! Warnen möchte ich vor Wollknäuel. Sie wickeln das Kätzchen möglicherweise so ein, dass es sich nicht mehr befreien kann.

Ohne Maus im Haus

Reine Wohnungskatzen begegnen normalerweise keinen Mäusen und können sich auch keine Leckerchen beim Nachbarn erschnorren. Ihnen entgehen daher ein paar kulinarische Extras, was kein Schaden ist. Aber sie verzichten unfreiwillig auch auf das für Katzen prickelnde Vergnügen der Jagd. Deshalb sind Sie gefordert, für die rechte Katzenanimation zu sorgen.

Fürs Leben lernen

Schlafen, fressen und viel spielen – so sieht der Tagesablauf eines Kätzchens aus. Durch das Spiel lernt es, was es im späteren Leben braucht. Deshalb steht bei fast allen Spielen das Belauern, Anschleichen und Fangen der Beute im Mittelpunkt.

Spielend alt werden

Katzen spielen, anders als die meisten Tiere, auch dann noch, wenn sie ausgewachsen sind, sogar bis ins hohe Alter hinein. Dann toben sie zwar nicht mehr so wild, dafür aber sehr ausdauernd. Vielleicht ist dieses auffallende Spielverhalten der Grund, warum Katzen einen großen Reiz auf viele Menschen ausüben. Katzen scheinen sehr lange jung zu bleiben – vielleicht gerade deshalb, weil sie so viel und gerne spielen. Also: Spielen Sie mit!

Animation à la Maus

Im Spiel üben Katzen für sie überlebenswichtiges Verhalten: anschleichen, lauern, jagen, angreifen, springen und sich verteidigen. Spiele und Spielzeug sollten dem Rechnung tragen. Je mausähnlicher, desto besser.

Jede Katze spielt

Der Spieltrieb ist Katzen angeboren. Ein Kätzchen, das nicht spielt, ist definitiv körperlich krank oder schwer verhaltensgestört. Normal ist, dass junge Katzen immer für abwechslungsreiche Spiele zu haben sind. Und sie werden es Ihnen mit viel Zuneigung danken, wenn Sie sich immer wieder neue Spielideen ausdenken. Einige Beispiele und Anregungen hierfür finden Sie auf den Seiten 63 und 67.

Mäuse sind nach wie vor das Größte! Vor allem, wenn sie sich, an einem Faden befestigt, bewegen.

Halbe Stunde genügt

In der Wohnung sind Sie der Ansprechpartner für das Kätzchen. Bringen Sie es mit spannenden Spielen in Bewegung. Oft genügt schon eine halbe Stunde täglich. Und für Sie selbst kann es unterhaltsamer und spannender sein als jeder Fernsehkrimi. Spielen hält körperlich und geistig fit, macht ausgeglichen und aufmerksam und nicht nur Ihre Katze, sondern auch Sie.

Dann wird Ihr Kätzchen nicht vor lauter Langeweile auf dumme Gedanken kommen. So lässt sich von vornherein mancher Unfall vermeiden, und die Katze fühlt sich in der Wohnung wohl.

Trimm dich für Dicke

Manche Katzen fressen sich von einem Snack zum andern und mampfen den ganzen Tag. Das macht natürlich Spaß, sie zu füttern, aber eine dicke Katze wird eher krank und früher sterben. Solche Extra-Leckerchen gibt es für die dicke Katze nur, wenn sie dafür „arbeitet": Werfen Sie das Futterbröckchen von der Katze weg, damit sie es jagen und fangen kann und sich so bewegen muss. Sie können aber auch Trockenfutterhäppchen in der Wohnung verstecken. Dann muss sie ihre Brocken zusammensuchen und ist beschäftigt, anstatt sich alles mundgerecht aus dem Napf zu angeln.

Hund, Katze, Maus

In „Haarmonie“ mit anderen Tieren

Wie Hund und Katz’? Von wegen! Oft werden die beiden zu dicken Freunden, wenn sie unter einem Dach leben.

Alle sind wie Hund und Katz’, nur Hund und Katze nicht. In Wirklichkeit werden diese beiden nämlich dicke Freunde und Schicksalsgenossen. Mit einem Hund aufgewachsene Kätzchen sehen diesen als Fress-Freund in der Küche und nicht als Fress-Feind auf der Straße. Wer beide halten will, kann sich und den Tieren keinen größeren Gefallen tun, als zwei Jungtiere bei sich aufzunehmen.

Liebe auf den ersten Biss

Wird es eine Liebe auf den ersten Biss, oder nur ein bisschen Liebe oder gar ein Verhältnis von der Sorte „Du liebes bisschen, wie konnten wir’s nur wagen?“ Sie wissen es erst, wenn Sie es ausprobiert haben. Es gibt dennoch Wege, Hund und Katze aneinander zu gewöhnen, wenn einer von ihnen bereits im Haushalt anwesend ist. Grundsätzlich gilt, dass einer der beiden noch jung sein muss. Halten Sie für ein oder zwei Tage Hund und Katze in getrennten Zimmern, und wechseln Sie dann die Katze ins Hundezimmer und umgekehrt. So gewöhnen sie sich an den Geruch des anderen. Dann bringen Sie beide vorsichtig zusammen, beruhigen sie und reden beiden gut zu. Anschließend dürfen Sie beide mit einem Leckerbissen belohnen. Das wiederholen Sie so oft wie nötig, und Sie werden sehen: Es klappt vorzüglich.

→ Nur Mut!

Oftmals gelingt es, dass Katzen und andere Tiere in friedlicher Koexistenz zusammenleben. Die anderen werden in Ruhe gelassen und als Mitbewohner akzeptiert. Doch meist gilt dieser Waffenstillstand nur im Wohnbereich.

Haben Sie also keine Angst, wenn schon andere Tiere bei Ihnen wohnen. Mit Vorsicht, Geduld und den genannten Regeln lässt es sich wunderbar mit Katze und anderen Tieren leben. Es können daraus sogar innige Tierfreundschaften entstehen.

Nur hundlos glücklich?

Treffen allerdings zwei erwachsene Tiere aufeinander, kann es in der Tat zu Problemen kommen. Das liegt an den unterschiedlichen Körpersprachen der beiden. Wedelt ein Hund mit dem Schwanz, bedeutet das für ihn Freude und Wohlbefinden. Für die Katze heißt Schwanzschlagen beginnender Ärger und Angriffslust. Das Heben der Pfote ist ein Zeichen der Verteidigungsbereitschaft bei Katzen, beim Hund jedoch eine freundliche Geste. Katzen fliehen stets vor großen Tieren, wohingegen Hunde flüchtende Tiere instinktiv verfolgen, und schon ist die Jagd im Gange. Nur gut, dass Katzen sich auf Bäume oder Schränke retten können. Denn Hunde können zwar ausdauernder rennen, aber nicht so gut klettern.

Vorsicht bei Kleintieren

Bei anderen Tieren ist mehr Vorsicht geboten. Wer Kleintiere wie Fische, Vögel oder Kleinnager neben seiner Katze beherbergen möchte, muss einige grundsätzliche Bedingungen beachten, damit kein Tier Schaden nimmt.

Für Katzen tabu

Die Heime von Vögeln, Hamstern, Meerschweinchen und anderen Kleintieren sollten kippsicher und stets außerhalb der Reichweite der Katze aufgestellt werden, schon um den kleineren Tieren den Stress des Anblicks ihres natürlichen Feindes zu ersparen.

Nicht ohne Aufsicht

Sicherheitshalber lassen Sie diese Mitbewohner niemals unbeaufsichtigt mit der Katze allein, auch wenn sie sich ganz gut vertragen. Denn schon ein Missverständnis kann den Jagdinstinkt der Katze wecken und ein Jagdspiel tut dem Hamster gar nicht gut.

Katzen-Fernsehen vorm Aquarium

Katzen sind leidenschaftliche Angler. Decken Sie also Ihr Aquarium ab, so dass das Kätzchen gar nicht erst in Versuchung geführt wird, darin zu „angeln“. Die meisten Katzen sitzen oft stundenlang davor, als wär’s ein prima „Fernsehprogramm“ für Stubentiger.

Foto oben: Dieses Kätzchen trifft zum ersten Mal in seinem Leben eine Ratte. Noch weiß es nicht so ganz, was es mit ihr anfangen soll.

Foto links: Zuerst mal be-schnuppern! Der Ratte wird es langsam mulmig ...

Foto rechts: ... und sie beschließt sich zu verkrümeln. Zack! Und schon kommt das Pfötchen, das nach der Ratte angelt. Kein lustiges Spiel für die Ratte!

Aufgabenteilung

Die Familienkatze

Sie muss keine Fremden mögen. Aber sie sollte wenigstens alle, die mit ihr ein Zuhause teilen, akzeptieren und sich von jedem kraulen lassen. Manche Katzen tun das nicht und gehen den einen konsequent aus dem Weg, um den anderen dafür umso mehr nachzulaufen. Und das liegt meistens daran, dass sie mit dieser Person eine schlechte Erfahrung gemacht haben.

Ideale Bedingungen

Wählen Sie eine Katze, die prinzipiell jeden in der Familie mag, was man bei einer schon älteren Katze nicht immer sicher sagen kann. Ein noch junges Kätzchen ist für eine größere Familie deshalb eher geeignet.

Kinder und Katzen werden oft dicke Freunde. Zeigen Sie Ihrem Kind, wie es am besten mit dem kleinen Stubentiger spielt.

→ Nicht dauernd schimpfen!

Trauen Sie Ihrem Kind ruhig etwas zu und denken Sie dran: Nicht ständig schimpfen, wenn es einmal etwas verkehrt gemacht hat. Sonst verabscheut das Kind die Katze noch.

Katzen und Kinder

Wenn Kind und Katze gemeinsam aufwachsen, gewöhnen sie sich schnell aneinander und werden dicke Freunde. So ist die Katze für das Kind kein Spielzeug, sondern Spielgefährtin und Vertraute, der man alle Geheimnisse erzählen kann, ohne dass sie sie verrät. Allerdings muss man bei den Minis aufpassen. Die einen grapschen, die anderen kratzen. Sorgen Sie dafür, dass Baby oder Kleinkind nicht mit der Katze allein sind.

Schlechte Erfahrungen

Sehr häufig sind es jedoch Kinder, vor denen die Katze nach einigen, unbeabsichtigten, aber doch schmerzhaften Grobheiten davonläuft. Deshalb überlegen Sie gut: Sind Ihre Kinder auch katzentauglich? Wenn nein, dann müssen Sie dem Kind erklären, dass das Tier nicht wie ein Freund oder eine Freundin Verständnis zeigt und den Vorfall schnell vergisst, sondern im schlimmsten Fall dauerhaft Angst vor ihm haben wird.

Besondere Kennzeichen

Auch Erwachsene verscherzen manchmal ungewollt die Sympathie der Katze, etwa durch rabiate Erziehungsmethoden. Was Sie vermeiden sollten, ist jede Form von körperlicher Gewalt, wozu auch das Nase-in-die-Pfütze-Tauchen gehört, das Katzen extrem übel nehmen.

Ablehnung, die tief sitzt

Auf Grund solcher oder ähnlicher Erfahrungen haben Katzen nicht nur Angst vor einer bestimmten Person, sondern manchmal sogar vor allen Menschen mit diesen Kennzeichen, etwa vor Männern allgemein, oder vor Leuten mit Bart, solchen mit roten Hosen oder lila Hemden, gestreiften Socken oder ein ähnliches Merkmal, das sie negativ abgespeichert haben. Eine solche Furcht stammt von einem Ereignis, das während der Prägephase zwischen der dritten und achten Lebenswoche geschah und sich damals fest ins Unterbewusstsein eingebrannt hat. Eine Veränderung ist mit einem guten Therapeuten immerhin einen Versuch wert. In leichten Fällen versuchen Sie's mit dem Fütter-Trick.

Liebe geht durch den Magen

Wer füttert, hat nämlich einen Sympathie-Vorsprung bei der Katze und den kann man nutzen. Erst einmal bekommt sie einige Tage lang keine Zusatz-Leckereien mehr, während der vom Tier verschmähte Mensch die Katze einfach nur komplett ignoriert. Nach ein paar Tagen lässt er eher beiläufig ein Leckerchen fallen, dann steigert er die Ration und verringert die Nähe zur Katze langsam, bis letztlich – mit ein wenig Glück – ihre Gier siegt und die beiden Freunde werden.

Mit liebevoller Zuwendung gewinnen Sie schnell das Vertrauen der Katze. Lautes Schimpfen kann sie gar nicht leiden und wird den Schimpfenden in Zukunft meiden.

Ab wann helfen Kinder?

Fast alle Kinder wollen irgendwann einmal ein Tier zum Anfassen und Erleben. Für kleine unter sechs Jahren sind Katzen zwar noch nicht ideal, weil sie lautes Kreischen und plumpe Bewegungen hassen, aber kleine Tätigkeiten, wie den Napf vor die Katze stellen oder Trockenfutter geben, kann ein Kleinkind übernehmen. Das Spielen mit der Katze ist in dem Alter noch ungeschickt und auch beim Streicheln muss jemand dabei sein.

Ab Schulalter klappt's

Ab Schulalter kann ein Kind durchaus lernen, behutsam mit einer Katze umzugehen. Jetzt ist es bereit, schon einige Aufgaben zu übernehmen, etwa täglich mit ihr zu spielen, beim Kämmen oder auch beim Reinigen der Toilette zu helfen. Natürlich müssen Erwachsene dabei helfen bzw. bei größeren Kindern kontrollieren.

Für
KIDS

Tollen, rollen, schmusen

So wird das Kätzchen Dein bester Freund

Katzen spielen für ihr Leben gern

Zum Spielen haben Kätzchen fast immer Lust. Wenn sie schlafen, fressen, sich putzen oder das Kistchen benutzen, darfst Du sie nicht stören. Aber wenn sie wach sind, haben Kätzchen gar nichts anderes im Sinn als zu spielen. Dein Kätzchen liebt baumelnde Kordeln, die man fangen kann. Es versteckt sich in herumstehenden Schachteln. Es steckt überall neugierig sein Näschen hinein und probiert alles aus. Probiere auch Du aus, was es gerne mag und Du wirst sehen, dass es Dich immer öfter in Deinem Zimmer besuchen wird.

Nichts um den Hals binden!

Binde auf keinen Fall eine Schnur um den Hals. Die Gefahr, dass das Kätzchen in großer Angst davonläuft und sich erwürgt, ist viel zu groß. Binde überhaupt keine Schnüre an die Katze.

Katzentaugliches aus der Wühlkiste

Was Du aus Deinem Kinderzimmer zum Spielen mit der Katze hernehmen kannst, sind Holz- und Plastikkugeln oder Tischtennisbälle, Spielzeug-Angeln, Fähnchen, Springseil, Korken, große Murmeln, Kastanien, Jojo.

Stricksachen wegpacken!

Lass keine gefährlichen Gegenstände, etwa alles, was spitz ist, was sich auflöst, verheddern kann oder leicht zu verschlucken ist, herumliegen. Vor allem alles, was mit Nähen, Stricken und Sticken zu tun hat, kann eine Katze tödlich verletzen. Und Deine Barbie- und Playmobilsachen kannst Du komplett wegsperren. Kuscheltiere dürft ihr dagegen miteinander teilen.

Schachteln sind die beste Medizin

Gegen Langeweile helfen wunderbar ein paar ausgediente Kartons zum Erkunden, vor allem, wenn das Kätzchen dort Futterstücke und Spielzeug findet. Du lässt immer einen Ein- und Ausgang offen, sonst bekommt die Katze Angst und lässt sich dann nicht mehr von Dir streicheln.

Das mag Dein Kätzchen nicht:

- Als Puppe verkleidet werden
- Gebadet werden
- In einen Schrank gesperrt werden
- Im Zimmer gefangen zu sein
- Herumgezerrt werden
- Am Schwanz gezogen werden

Jute statt Plastiktüten!

Räume alle Plastiktüten weg. Sie sind extrem gefährlich und zum Spielen völlig ungeeignet. Denn ein neugieriges Kätzchen kriecht hinein und kann darin ersticken. Stoff-Beutel sind weniger gefährlich, aber kein ideales Spielzeug.

Das mag es:

- Herumtollen
- Schmusen
- In Deinem Bett schlafen
- Unter Deine Decke kriechen
- Mit Deinen Zehen spielen
- Zum Fenster hinaussehen
- Leckerchen
- Dich

Die Spielregeln

1. Du wählst ein Spielzeug, etwa eine Spielzeugmaus.
2. Du ziehst, rollst oder wirfst es nicht auf die Katze zu, sondern von ihr weg oder an ihr vorbei.
3. Gespielt wird nur, wenn die Katze Lust dazu hat.
4. Wenn die Katze kratzt, beendest Du das Spiel sofort.
5. Du gibst ein Leckerchen, wenn die Katze etwas gut gemacht hat.

Was heißt schon Miau?

Katzen sprechen viele Sprachen

Von Katze zu Katze unterhält man sich am besten über Duftbotschaften und Körpersprache. So erfährt man schon von weitem, was Nachbars Kater zu sagen hat, ohne ihm zu nahe kommen zu müssen.

Tiere, die sich am liebsten aus dem Weg gehen, haben sich auch wenig zu sagen. Sie teilen sich im Wesentlichen nur mit, ob Kontaktbedürfnis da ist oder nicht. Dazu genügen Duftmarken, die eine fremde Katze auch dann riechen kann, wenn der Aussender schon längst weg ist. Sieht man sich in der Ferne, dient die Körpersprache der Verständigung, so wie wir Menschen uns von Auto zu Auto manches per Finger über Distanz an den Kopf werfen, Dinge, die Kinder lieber nicht hören sollen.

Stille Beobachter

Der Mensch selbst ist im Vergleich zu Katzen eine echte Quasselstrippe. Und diesem Umstand passt sich die Katze an. Schon die kleinen Kätzchen lernen teils durch Beobachtung ihrer Mutter, teils aus eigener Erfahrung, dass es nützlicher ist, vor dem Napf zu sitzen und zu maunzen, als nur dort zu sitzen und sehnsüchtig dreinzuschauen.

Man sieht sich!

Katzen reden schon deshalb wenig miteinander, weil sie sich selten so nah kommen, dass ein Miau von der anderen Katze verstanden wird. So hört man am ehesten noch eine Katzenmutter mit ihren Kindern sprechen und diese mit ihr. Bei Katerkämpfen gibt's ein Geschrei, so dass mitten in der Nacht in den Häusern die Lichter angehen. Und schließlich kommen sich auch Kater und Katze gelegentlich ziemlich nahe. Und dabei geht's dann auch laut zu. Im normalen Alltag jedoch spielen die Miaus unter den Katzen kaum eine Rolle, außer bei einigen Rassen orientalischer Herkunft, die sehr gesprächig sind.

Magenknurren

Überraschenderweise können alle Katzen gesprächig werden, wenn es sich als nützlich erweist. Ein halbwegs schlaues Kätzchen hat schon nach ein paar Wochen herausgefunden, wie es sich ein paar Leckerchen verschaffen kann, wie es jeden Menschen dazu bekommt, auf der Stelle in die Küche zu eilen, um den unmittelbar bevorstehenden Hungertod eines kleinen abhängigen Tierchens noch zu verhindern ... Miau.

Miau für Begriffsstutzige

Jede Katze kann das „Futter-her!"-Miau. Doch es ist kein Ton, der für alle gilt, sondern nur ein von dieser Katze gelerntes Miauen, oder DAS Miauen, das den Halter erfahrungsgemäß am schnellsten in Bewegung gesetzt hat. Eine andere Katze miaut wieder anders, wichtig ist nur, dass die Person verstanden hat, die gerade mit dem Finger im Deckelring den Ringdeckel von der Futterdose hochzieht.

Geschrei und Geräusche

Wissenschaftler konnten 16 verschiedene Töne bei Katzen identifizieren und in eine der drei Kategorien „Murmeln, Gesang und hohe Töne" (Michael Fox), sowie sonstige Geräusche zuordnen. Kätzchen im Alter von zwölf Wochen sind schon zu all diesen Lauten in der Lage, auch wenn ihr Kampfgeschrei von keinem ernst genommen wird.

Lass Düfte sprechen

In der Katzenliteratur steht eine Menge über die Sprache der Katzen. Dabei geht es vorwiegend um Körper- und um Duftsprache, die den Katzen eindeutig mehr zur gegenseitigen Verständigung dienen als Miaus. Man kennt die so genannte „Bruderschaft der Kater" (Paul Leyhausen), bei denen außer einem gelegentlichen Fauchen und Knurren nichts zu hören ist und man sich fragt, was die da eigentlich tun.

Katzen werden in menschlicher Gesellschaft sehr gesprächig. Vor allem das „Futter-her!"-Miau lernen sie sehr schnell.

Das stinkt gewaltig

Intensiv riechende Stoffe wie Parfüm sind zu scharf für eine Katzennase. Sie werden sehr viel stärker wahrgenommen und sind unangenehmer als für uns Menschen.

Schnurren

Jeder kennt es und weiß: Es zeigt höchstes Wohlbehagen an. Aber nicht nur: Es kann auch eine Aufforderung nach Zuwendung sein. Eine Katze schnurrt jedoch auch, wenn sie verletzt ist oder ihr Wurf in Gefahr sind. Man nimmt an, es soll beruhigen.

Sie riechen alles

Katzen riechen es sofort, wenn ihr Halter eine fremde Katze oder einen Hund gestreichelt hat. Manche Düfte haben sogar eine große Wirkung auf Katzen: Sie flippen auf manche Geruchsstoffe richtig aus, auf Sexuallockstoffe natürlich, aber auch Baldrian und Katzenminze machen Katzen verrückt.

EXTRA
Die 7 Grundpfeiler der Katzenerziehung

Erziehung für Individualisten

Katzen sind Individualisten und lassen sich deshalb nicht so dressieren wie beispielsweise ein Hund. Das heißt, sie folgen Befehlen eher nicht, können aber Verbote lernen, sofern die Verlockung nicht zu groß wird. Denn sie machen einfach viel zu gerne, was sie selbst wollen. Aber ich glaube, das ist ja gerade der Grund, aus dem wir Katzenliebhaber uns so zu ihnen hingezogen fühlen. Trotzdem können auch Katzen lernen, was erlaubt und was verboten ist. Mit etwas Geduld und Konsequenz sollte es klappen. Sie sollten jederzeit bereit sein, mit Ihrem Kätzchen zu spielen. Das festigt das Vertrauen des Kätzchens in Sie und erleichtert es somit sehr, es zu erziehen.

1. Geduld

Die wichtigste Voraussetzung für eine erfolgreiche Erziehung ist Geduld. Oft stellt sich der Erfolg erst nach Tagen ein. Das kann anfänglich recht nervenaufreibend sein. Aber ein Katzenkind ist eben noch klein, unerfahren und kennt die Prioritäten der Familie nicht. Da heißt es durchhalten und scheinbar immer wieder von vorne anfangen.

2. Konsequenz

Seien Sie konsequent – was einmal verboten wurde, darf nicht am nächsten Tag erlaubt sein und umgekehrt. Das heißt: Bleiben Sie dabei, wenn Sie einmal etwas verboten haben. Aber mal die Katze vom Tisch zu scheuchen und mal zu bequem zu sein, was zu sagen, das funktioniert nicht.

Dürfen oder nicht dürfen? Wenn Sie nicht wollen, dass Ihr Kätzchen sämtliche Papierservietten auseinandernimmt, müssen Sie es konsequent verbieten.

Loben Sie Ihr Kätzchen auch, wenn es etwas gut macht, z.B. am Kratzbaum emporklettert und nicht die Gardinen missbraucht.

3. Feste Stimme

Das geeignete Erziehungsmittel ist Ihre Stimme. Da Katzen besonders gut auf Stimmen reagieren, sollten Sie diese bei der Erziehung auch einsetzen. Ein deutliches „Nein“, laut und energisch gesprochen, wird Ihr Kätzchen auf Dauer davon abhalten, an der Gardine zu schaukeln oder an Tapeten und Möbeln zu kratzen. Bieten Sie auch einen Kratz- und Kletterbaum an: Pflücken Sie das Kratz-Kätzchen vom Sofa und tragen Sie es zur extra dafür vorgesehenen Kratzmöglichkeit. Dann loben Sie es mit sanften, ruhigen Worten und ein paar Streicheleinheiten. So verfahren Sie auch mit anderen Dingen, die das Kätzchen nicht darf.

4. Sanfte Hilfsmittel

Verstärken kann man die Wirkung der Stimme noch mit lautem Händeklatschen oder, in ganz hartnäckigen Fällen, mit einem harmlosen Anspritzen aus einer Blumenspritze. Weitere Möglichkeiten, etwa um einen Katzenstreit zu beenden, sind, eine Tür zuzuschlagen oder mit einer Polterabend-Rassel lauten Lärm zu machen. Der plötzliche Krach wird dem Kätzchen einen Schreck einjagen.

5. Gewaltfreiheit

Auf keinen Fall sollten Sie ein Kätzchen bestrafen oder gar schlagen, weil es sonst scheu werden wird. In dem Fall geht es Ihnen künftig ganz sicher aus dem Weg und Sie würden dabei lernen, dass Konsequenz auch den Katzen nicht fremd ist, so konsequent, wie sie Ihnen die Freundschaft kündigen würde.

6. Lob und Liebe

Loben Sie Ihre Katze, wann immer sie etwas gut gemacht hat. Sie könnte zum Beispiel am Kratzbaum gekratzt haben. Dann loben Sie sie und zeigen ihr damit, dass Sie zufrieden sind, sie lieb haben und die Welt rundum in Ordnung ist.

7. Entgegenkommen

Geben Sie in einem Punkt, der Ihnen nicht wirklich wichtig ist, auch einmal nach. Wenn die Katze überaus gerne auf dem Fensterbrett schlafen möchte, räumen Sie eben dort die Topfpflanze weg und richten einen Minischlafplatz ein. Selbst wenn es dann dort nicht mehr so schön aussehen sollte, können Sie sich freuen, dass die Katze nun zufrieden ist. Und die Pflanze nimmt es vielleicht nicht so übel, woanders stehen zu müssen.

Spaß für Groß und Klein

Kunststücke für Katzen

Praktischer Nutzen: Üben Sie nach dem Spaßprinzip auch praktische Dinge, etwa an der Leine gehen oder im Auto mitfahren.

Seit sich Katzenhalter bewusst sind, dass Katzen erziehbar sind, wächst die Zahl derer, die sie dressieren bzw. einen solchen Versuch machen. Dies ist jedoch um vieles schwieriger, da sich ihre Erziehung mehr oder weniger auf die Verbote konzentriert, während Katzen für eine Dressur auf Gebote, also Befehle hören sollen. Der Klang von Befehlen stößt bei Katzen jedoch auf taube Ohren. Das regeln ein paar Leckereien: Die können Katzenohren auf wahrhaft erstaunliche Weise öffnen.

Kein Trick, sondern Typsache

Der Trick bei einer Katzendressur ist der, dass es kein Trick ist und auch keine Dressur, also keine Pflichtübung auf Kommando. Die Katze macht vielmehr, was ihr gerade gefällt und steht ein Leckerchen hinter der korrekten Abfolge ihres Hürdenparcours, dann macht sie das allein deshalb. Oder auch nicht. Die kleinste Ablenkung – und schon ist sie weg. Deshalb glaubt das fast niemand, wenn man erzählt, was die eigene Katze alles kann. Sie tut es nicht vor Publikum.
Die hartnäckigen und neugierigen Tüftler sind clever genug, um Futter-Bröckchen aus einer Schachtel herauszufischen, die nur einer Pfote einen Einschlupf gewährt, sonst jedoch nur winzige Gucklöcher hat. Die gescheiten Katzen lernen, wie man Deckel aufstupst.

So schaffen Sie die Hürde

Ziehen Sie eine Schnur über eine kleine Hürde, die nur so hoch ist, dass die Katze noch knapp darunter durchlaufen könnte. Immer, wenn das Tier ebenfalls obendrüber springt und nicht untendurch saust, bekommt es ein Leckerchen, etwa ein Trockenfutterstückchen oder ein Drops. Gleichzeitig rufen Sie

„Spring!“ oder einen anderen Befehl. Das üben Sie täglich ein paar Minuten vor dem Füttern. Wenn die Katze das kann, lassen Sie die Schnur weg und tun so, als hätten Sie noch immer eine Schnur in der Hand. Eine schlaue Katze springt dann auch so über die Hürde, denn sie weiß: Jenseits der Hürde gibt's ein Leckerli. Ähnlich kann man die Katze durch einen Tunnel laufen lassen, indem man einen kleinen Ball hindurchrollen lässt, hinter dem sie herrennt.

Tüfteln mit Bravour

Eine schlaue Katze kann auch herausfinden, wie es ein Futterstückchen aus einem Löcherkarton herausfischt. Sie nehmen dazu eine Schachtel, etwa einen alten Schuhkarton, und schneiden tischtennisballgroße Löcher hinein. In die Mitte legen Sie ein Futterbröckchen und geben die Tüftel-Box der Katze zum Erkunden. Eine schlaue hat schnell die Spielregeln inklusive Leckerchen gefressen. Man kann in die Schachtel auch Catnip-Spielzeug geben und entsprechend größere Löcher hineinschneiden.

Nur zum Spaß

Man kann eine Katze allenfalls für den eignen Spaß dressieren. Bei fremden Zuschauern tut sie nicht mehr das, was sie gelernt hat. Absolut tabu sind Schläge aller Art. Auch Ungeduld oder Frust lässt die Katze auf Abstand gehen. Nur lockere und lustige Laune hält sie bei der Stange, etwa die, über die sie springen soll.

Einsatz, aber ohne Krallen

Manche geben ihren vollen Einsatz bei der Dressur, inklusive Einsatz der Krallen. Wenn sie Hände, Waden, Füße, Zehen als Beute überfällt, ist das ein Grund, auf Dressur ganz zu verzichten oder das Spiel sofort abzubrechen. Achten Sie auf angelegte Ohren, gesträubtes Fell, zuckende Schwanzspitze und starren Blick. Dann sofort Finger weg von ihr!

Wann ist es zu viel?

Wenn eine Katze genug hat, hört sie auf und geht weg. Oder sie kratzt, wenn Sie sie nicht rechtzeitig in Ruhe lassen.

Mit einem Leckerchen und etwas Geduld bringen Sie Ihre Katze zu wahren Höchstleistungen. Wie wärs mit einem „Löwensprung?“

Auf einen Blick

Verstehen und verstanden werden

Erziehungs-Checkliste

- Nie schlagen oder Gewalt anwenden
- Viel loben und liebevoll sein
- Auch mal nachgeben und ihren Wünschen entgegenkommen
- Geduldig sein und ruhig bleiben
- Konsequent vorgehen mit klarer Linie
- Mit Bestimmtheit auftreten und sprechen
- Sanfte Erziehungshilfen einsetzen, etwa eine Wasserspritze

Wie Hund und Katze

Freunde für immer?

Hund und Katze vertragen sich eigentlich ganz gut, solange sie unter einem Dach leben und richtig aneinander gewöhnt wurden. Am besten klappt's mit jungen Tieren.

Zimmertausch

Lassen Sie die beiden nicht gleich aufeinander los, sonst könnte es zu einer wilden Jagd kommen. Zu Beginn bekommt jeder sein eigenes Zimmer. Nach zwei Tagen werden die Zimmer getauscht. So kann jeder den Geruch des anderen kennen lernen.

Erstes Treffen

Nun lassen Sie Hund und Katze vorsichtig zusammen. Loben Sie beide und belohnen sie, wenn sie sich ruhig verhalten. Das wird einige Male wiederholt.

Gute Freunde

Nach einigen Zusammenkünften bleiben die beiden ganz entspannt. Sicher fressen sie auch bald aus einem Napf oder schlafen gemeinsam im Körbchen.

Spielregeln

Das perfekte Spielzeug
Ein Spielzeug ist gut, wenn es klein ist und bewegt werden kann. Ideal sind eine Fellmaus, eine Katzenangel oder eine Schnur. Wollknäuel eignen sich nicht so gut, weil sich die Katze darin verheddern kann.

Lust zum Spielen
Gespielt wird nur, wenn die Katze Lust dazu hat. Schläft sie gerade, frisst oder benutzt ihr Kistchen, sollten Sie sie in Ruhe lassen.

Fang die Beute
Mäuse rennen für gewöhnlich weg, wenn die Katze kommt. Daher ist das schönste Spiel, alles zu fangen, was sich von ihr wegbewegt.

Schluss mit lustig
Wenn sie kratzt oder Ihre Hände attackiert, ist Schluss mit lustig, Brechen Sie das Spiel sofort ab.
Macht sie hingegen etwas gut, wird sie gelobt und belohnt.

Kleines Katzen-Wörterbuch

„Mau" kann heißen: Mach die Tür auf! Gib mir Futter!

„Mi-Mi" bedeutet eine freundliche Begrüßung. So klingt es auch, wenn sie uns weckt.

„Murr" sagt die Katze, wenn Sie sie unerwartet anfassen. Sie können es als Einverständnis, gekrault zu werden, interpretieren.

Ein **Maunzen**, das wie ein Klagelaut klingt, ist zu hören, wenn die Katze entweder eine Maus oder ein Spielzeug bringt. Oder wenn sie rollig ist.

Neben den Miaus, die Wissenschaftler als „Gesang" einstufen, gibt es noch **Murmeln**, hohe Töne und sonstige Geräusche.

Schnurrende Katze: Zum Murmeln gehört alles, was die Katzen mit geschlossenem Maul hören lassen, z.B. das Schnurren.

Miauende Katze: Der Gesang ist alles, was man als Sprechen ansehen kann, zum Beispiel das klassische Miau.

Fauchende Katze: Die hohen Töne benutzen Katzen in der Kommunikation untereinander, z.B. Knurren, Zischen, Fauchen.

Daneben gibt es einige Geräusche, die sich hier nicht zuordnen lassen, etwa das **Schnattern**, wenn eine Beute unerreichbar ist.

Balanceakt

Ein Spaziergang über den Staketenzaun, schnell den Baum hinauf, und dort ein leichtfüßiger Katzensprung in schwindelnder Höhe: Ein Kinderspiel für eine Samtpfote, denn die kleinen Jäger sind wahre Akrobaten mit einem ausgezeichneten Gleichgewichtssinn.

Friends will be friends

Ein ganz klarer Fall: Zwei, die sich verstehen. Auch unter Katzen, die viel sozialer sind, als ihnen nachgesagt wird, gibt es echte Freundschaften. Die beiden begrüßen sich freundlich, reiben sich aneinander und tauschen dabei Duftbotschaften aus.

Fremdsprachenpartner

Auch wenn Hund und Katz nicht immer die gleiche Sprache sprechen, lernen sie, die des anderen zu verstehen, vor allem, wenn sie von klein auf zusammenleben. Zwischen Bonnie, der braunen Labradorhündin, und Tinker hat sich eine artübergreifende Freundschaft gebildet.

Die Welt aus Katzensicht

Attacke!

Diesen Satz nennt man Mäuselsprung. Wenn nach geduldigem Warten die Maus endlich auftaucht, macht die Katze einen Sprung durch die Luft und packt das Beutetier mit ausgefahrenen Krallen. Diese hier übt noch mit ihrem toten Vogel.

Gerechte Arbeitsteilung

Während Frauchen am Computer sitzt und Katzenfutter verdient, übernimmt die Katze den Entspannungspart. Denn Katzen sind wahre Langschläfer – bis zu 20 Stunden täglich. Dabei verstehen sie, sich dekorativ in der Sonne zu rekeln oder wie hingegossen auf dem Sofa zu schlummern.

Duftbotschaften

Gerüche haben den Vorteil, dass sie noch lang erhalten bleiben, auch nachdem die Miez schon weitergezogen ist. Mit Urin zum Beispiel, kann man Reviergrenzen abstecken, sagen, wer man ist und was man will, ohne dass man den anderen treffen muss. Katzen-Graffiti sozusagen.

Alles meins!

Doch nicht nur Urin hilft, um sich zu verewigen. Katzen reiben ihr Kinn und ihre Wangen an allem, was für sie wichtig ist: Markante Revierpunkte, Stühle, Menschen. Dabei übertragen sie vertraute Gerüche aus ihren Duftdrüsen und erkennen es bei erneuter Begegnung als das Ihre wieder.

Ich bin die Größte!

Dieser Zwerg macht sich ganz schön groß! Und das ist auch Sinn des Katzenbuckels. Der Rücken wird aufgewölbt, die Beine durchgestreckt und das Fell gesträubt. So will das Kätzchen riesig erscheinen, auch wenn es sich seiner Sache nicht ganz so sicher ist.

Geh mir aus dem Weg!

Vorsicht, schlechte Laune! Die Schnurrhaare aufgefächert, die Augen zu schmalen Schlitzen verengt, ein Ohr nach hinten gedreht. Mit ihr ist gerade nicht zu spaßen. Nähert sich Mensch, Hund oder Artgenosse unbedarft, kann es Hiebe setzen.

Eingraviert

Last but not least ist auch das Krallenwetzen eine eindeutige Botschaft: „Ich war hier!“ Denn beim Wetzen werden nicht nur die Krallen geschärft, sondern eindeutige Signale hinterlassen, optische und geruchliche. Der Geruch der Pfoten setzt sich in die Kratzrillen und kann sich von dort aus langsam verteilen.

Katzenwäsche

Gründlicher als ihr Ruf: die Katzenwäsche. Die Samtpfoten verbringen viel Zeit mit der Körperpflege und lassen keinen Körperteil aus. Die Stellen, die sie erreichen, „waschen“ sie mit ihrer Zunge, die wie ein Striegel funktioniert. Für den Rest nutzen sie die abgeleckte Pfote, zum Beispiel, um sich hinter den Ohren zu putzen.

Dicke Luft

Kleine Keilerei unter Katzen: Bei dieser Meinungsverschiedenheit wird ordentlich zugehauen, wobei die Liegende noch lang nicht die Unterlegene sein muss, denn wer auf dem Rücken liegt, hat alle vier Pfoten frei, um kräftig auszuteilen.

4

Katzensprache: Was ist das?

Rätselhafte Geschöpfe

Geheimnisse müssen sein

Auffallend individuell

Katzen sind nicht leicht zu durchschauen. So sehr man sich auch bemüht, ihr vielfältiges Verhaltensrepertoire zu entschlüsseln und nach ihren Beweggründen zu suchen, bleibt vieles von dem, was sie tun, rätselhaft. Woran das liegt? Katzen sind ausgeprägte Individualisten. Was die eine schätzt, braucht der anderen längst nicht zu gefallen. Und was die eine mit stoischer Gelassenheit toleriert, stößt der nächsten sauer auf und wird sofort mit Fauchen und einem Pfotenhieb quittiert.

Geliebte Ungebundenheit

Doch das ist es nicht allein: Die schnurrenden Samtpfötchen sind viel zu clever, uns Zweibeinern Einblick in die Details ihres Inneren zu gewähren und uns jede miezentypische Kleinigkeit preiszugeben. Womöglich könnte sie das abhängig machen; und das ist das Letzte, was Katzen wollen. Ihre Unabhängigkeit scheint ihnen heilig zu sein. So ernüchternd es klingen mag: Ihre eigenen Ziele zu verfolgen, ist Katzen weitaus wichtiger, als uns tagein tagaus zu Gefallen zu sein.

Katzen sind echte Freigeister: Sie fügen sich in keine feste Struktur ein; sie kommen und gehen, wann es ihnen beliebt. Ihre auch?

Genau dafür lieben wir sie, denn was gibt es Schöneres, als eine Katze, die freiwillig kommt, auf unseren Schoß springt und sich dort schnurrend zusammenrollt, um gekrault zu werden?

Kleine Genießer

Ist den Samtpfoten nach liebevoller Zuwendung und einem Massage-Ründchen zumute oder haben sie auf ein Häppchen Lust – vielleicht ein aufwendig kreiertes Leber-Thunfisch-Menü –, können sie überaus charmant sein. Was bleibt einem da anderes übrig, als ihnen unverzüglich zu Diensten zu sein? Offensichtlich verstehen wir uns doch – zumindest auf diesen Gebieten.

Zwiesprache mit Zweibeinern

Vermutlich lassen sich Katzen nur wegen dieser Vorzüge auf menschliche Wesen ein und sind nur deshalb bereit, sich mit uns zu „unterhalten". Denn um unsere Gewohnheiten richtig zu erkennen, zu interpretieren und zu merken, worauf wir „abfahren", müssen Katzen ganz schön aufmerksam sein, zumal sie ganz andere Prioritäten in ihrem Leben haben und auch in einer ganz anderen Sinneswelt leben. Brauchen sie unsere Gesellschaft am Ende doch?

Was heißt schon „Miau?"

Wozu sonst hätten unsere pelzigen Hausgenossen ein solch nuancenreiches Vokabular für das Zusammenleben mit uns entwickelt?
Denn gerade das „Miau" hat viele Bedeutungen und zielt oft speziell auf uns Menschen ab. Für die verbale Kommunikation mit Artgenossen verwenden Katzen meist ganz andere Laute.

Zuneigung auf Katzenart

Ihre Sprache zu verstehen ist allerdings nur ein Aspekt für ein entspanntes Zusammenleben zwischen Mensch und Miez. Ehrliches Verständnis für die Stubentiger und ihre arttypischen Eigenschaften sowie Verhaltensweisen braucht man auch. Denn wem nutzt es, wenn uns jeden Morgen der kalte Schauer über den Rücken läuft, wegen der Mäusekadaver, die sie vor unserer Haustür deponiert haben? Katzen sind nun einmal Raubtiere, eigenständig, unabhängig und auf ihr Wohl bedacht – und so verhalten sie sich auch.

EXTRA
Wenn Katzen schlafen

Obwohl Katzen eher in der Dämmerung aktiv sind und somit den Tag mehr oder weniger verschlafen, gibt es nicht wenige Tiere, die ihren Schlaf-Wach-Rhythmus dem des Besitzers angleichen.

Schlafmützen und Langschläfer

Katzen sind Weltmeister im Schlafen. 16 Stunden pro Tag können sie schlafend oder dösend verbringen. Ist es warm und bequem und sind die Tiere wohlgenährt und fühlen sich in ihrer Umgebung sicher und geborgen, schlafen sie sogar noch länger – bis zu 20 Stunden täglich.

Rekordverdächtig

Neugeborene Kätzchen und sehr alte Miezen hängen sogar noch einmal zwei Stunden dran, sodass deren Wachzeiten äußerst kurz sind. Bei den Kätzchen ändert sich das jedoch rasch. Denn bereits im Alter von vier Wochen haben sie die Schlafdauer der Erwachsenen erreicht.

Echte Träumer

Katzen schlafen nicht nur sehr lang, sie träumen offensichtlich auch sehr viel. Bis zu drei Stunden täglich, so hat man entdeckt, dauert ihr Traumschlaf. Alle 25 Minuten werden die sogenannten Leichtschlafphasen durch Phasen unterbrochen, in denen das Tier in einen derart tiefen Schlafzustand gerät, dass es sich so gut wie nicht mehr bewegen kann. Trotz der fehlenden Muskelspannung zucken seine Pfoten, Schnurrhaare und oft auch die Schwanzspitze. Manchmal scheint das Näschen heftig zu schnuppern. Außerdem rollt das Tier auffällig mit den Augäpfeln, was man selbst durch seine geschlossenen Lider und Nickhäute hindurch gut erkennen kann. Diesen charakteristischen schnellen Augapfelbewegungen (rapid eye movements) verdanken die Traumschlafphasen ihren Namen. Man bezeichnet diese Tiefschlafstadien nämlich auch als REM-Schlaf, sowohl bei Katzen als auch beim Menschen.

Bewegende Momente

Obwohl die Katze, während sie sich ihren Träumen hingibt, völlig immobil ist, arbeitet ihr Gehirn auf Hochtouren – gilt es doch gerade jetzt, das Erlebte zu verarbeiten und einzuordnen. Interessanterweise scheinen jene Traumphasen besonders ausgeprägt zu verlaufen, denen Aktivitätszeiten vorausgingen, die für die Mieze sehr turbulent und spannend verliefen.

Zumindest deuten die heftigeren Zuckungen im Gesicht und an den Pfoten sowie die auffallend starken Augapfelbewegungen darauf hin. Welche Träume unsere Stubentiger träumen, und welche Empfindungen diese auslösen, wird ihr Geheimnis bleiben. Leider können wir sie nicht einfach nach ihren Träumen fragen.

Katzen lieben es behaglich

Eine Katze kann überall ein kurzes Nickerchen machen. Hat sie allerdings vor, richtig zu schlafen, zieht sie sich meist an einen warmen geschützten Ort zurück. Zum einen, weil sie dort gefahrloser ihre Sinne „ausruhen" kann, und zum anderen, weil sie im Warmen keine Probleme mit ihrer Temperaturregulation bekommt. Denn während des eigentlichen Tiefschlafes kühlt sich der Katzenkörper merklich ab.

Eingerollt oder lang gestreckt?

Die Stellung, die eine Katze im Schlaf einnimmt, hängt mit der Umgebungstemperatur zusammen: Bei Temperaturen um 10 Grad kringelt sie sich ein und verbirgt den Kopf unter ihrem Körper. Sobald es wärmer wird, öffnet sie sich immer weiter, bis sie schließlich – bei Temperaturen über 20 Grad – lang gestreckt ruht. Selbst auf dem Rücken liegend, mit in die Luft gestreckten Pfötchen, schläft sie manchmal.

Gähnen – nicht nur zur Entspannung

Ist die Katze aufgewacht, reckt und streckt sie sich nach Leibeskräften, um ihre Muskeln zu dehnen und die Durchblutung anzuregen. Zunächst werden die Vorderbeine nach vorn gestreckt und durchgedrückt, inklusive Kralleneinsatz, der Rücken nach oben gewölbt, der Po in die Luft gereckt und Hinterbeine und Schwanz genüsslich gestretcht. Oft gähnt die Katze herzhaft und putzt sich anschließend, zumindest das Gesicht.
Katzen gähnen allerdings auch bei anderen Gelegenheiten, etwa, wenn sie unsicher oder unentschlossen sind. In diesem Fall dient das Gähnen dem Stressabbau.

Solch genüssliches Gähnen nach einem Nickerchen dient dem Muskelstretching.

Für
KIDS

Von wegen Katzenwäsche

Hast du dir schon einmal überlegt, wie es zu der Bezeichnung „Katzenwäsche“ gekommen ist? Bestimmt hat der Wort-Erfinder die Katze nicht richtig beobachtet oder etwas falsch interpretiert, denn eine echte Katzenwäsche ist erheblich besser als ihr Ruf.

Mehrmals täglich und ausgiebig

Katzen wischen sich nach dem Aufstehen nämlich nicht einfach nur mal kurz mit dem feuchten Waschlappen übers Gesicht und fertig ist die Laube, nein, Katzen sind wesentlich gründlicher bei ihrer täglichen Reinigungsprozedur; genauer, bei ihren Reinigungsprozeduren, denn sie waschen sich – so haben Forscher ermittelt – nicht bloß einmal am Tag, sondern mehrmals, zusammengerechnet rund zwei Stunden lang. Eine beachtliche Zeit und wahrlich keine Katzenwäsche, oder?

„Ein bisschen peinlich ...“

Katzen kratzen, lecken und beknabbern sich aber nicht nur zu Reinigungszwecken, sondern zum Beispiel auch, wenn sie verunsichert sind, also gewissermaßen zum Spannungsabbau, so wie wir uns am Kopf kratzen oder mit den Fingern durchs Haar fahren. Da solche Putz-Attacken, auch Übersprungshandlungen genannt, nur von kurzer Dauer sind und sehr oberflächlich ausgeführt werden, war man wohl der Meinung, Katzen wären bei der Körperpflege generell recht nachlässig.

Keine Schmuddelkinder

Früh übt sich: Bereits im Alter von etwa drei Wochen lernen Katzenbabys ihr Fell zu pflegen, und mit gerade mal sechs Wochen beherrschen sie dieses Verhalten perfekt.

Ganz schön gründlich

Achte mal darauf, wie gewissenhaft deine Katze ihren Körper pflegt. Du wirst unschwer erkennen können, dass sie hierbei sehr sorgfältig zu Werke geht und nahezu keine Stelle auslässt, sondern der vollendeten Reinlichkeit wegen neben der Zunge und den Krallen auch ihre Schneidezähne einsetzt und sich dabei mit abenteuerlicher Dehn- und Streckakrobatik körperlich geradezu verausgabt.

Vorsicht, schwer beschäftigt

Wenn eine Katze sich putzt, erscheint sie wie der Welt entrückt, in einer Art Trance. Berührt man sie in einem solchen Moment, wird die streichelnde Hand entweder gleich mitgeputzt oder unsanft weggebissen, je nach Gemüt des Tieres.

In einer anderen Welt

Wie Katzen ihre Umgebung wahrnehmen

Ob beim Hören, Sehen, Tasten, Riechen, Schmecken oder wenn sie ihren Gleichgewichtssinn benutzen: Katzen sind uns stets einen Schritt voraus.

Kleiner Lauschangriff

Nicht nur, dass sie beispielsweise wesentlich leisere und sehr viel höhere Töne hören als wir (bis weit in den Ultraschallbereich hinein reicht ihre Leistungsfähigkeit). Sie können diese auch erheblich besser voneinander unterscheiden. Der Grund dafür: Katzenohren sind darauf spezialisiert, winzig kleine Unterschiede in der Tonhöhe und kleinste Abweichungen in der Lautstärke wahrzunehmen, und das über große Entfernungen hinweg. Und weil Katzen mit ihren imposanten Ohrmuscheln so unschlagbar gut orten können, klappt dies weitaus punktgenauer als bei uns. Auch verschiedene Geräuschkulissen oder Klangbilder können unsere Leisetreter viel treffsicherer erkennen, selbst aus einem Stimmenwirrwarr heraus oder inmitten des größten Lärmpegels. Kein Wunder, dass sie uns so gut „lesen" und anhand unserer Stimme unsere Gemütslage vorzüglich entlarven können.

Katzen besitzen hinter ihrer Netzhaut einen Restlichtverstärker, das Tapetum lucidum, das es ihnen ermöglicht, bei Dämmerlicht erfolgreich zu jagen. Es ist auch dafür verantwortlich, dass Katzenaugen „glühen", wenn sie nachts angestrahlt werden.

Katzen können nicht nur den dreifachen Frequenzbereich dessen abdecken, was wir hören, sie sind auch in der Lage, dreimal so laut zu hören wie wir.

Katzenaugen

Katzen können nicht nur besser hören als wir. Auch beim Sehen stellen sie uns in den Schatten. Denn ihre Augen haben eine wesentlich höhere Licht- und Bewegungsempfindlichkeit als unsere. Allerdings sehen Katzen weniger scharf als wir, können schlechter Farben erkennen und optisch nicht so perfekt Tiefen wahrnehmen, also nicht so gut räumlich sehen – was für sie jedoch keinerlei Manko bedeutet. Denn ihnen ist die Färbung ihres Umfelds

Man kommt sich näher: Diese beiden miteinander vertrauten Katzen nehmen Kontakt auf, um sich anschließend gründlich zu beschnuppern und aneinander zu reiben.

vermutlich ebenso einerlei wie dessen gestochene Schärfe. Sie zählen auf ganz andere Sinnesqualitäten für die Orientierung oder etwa den Beutefang. Neben ihren akustischen und visuellen Wahrnehmungsfähigkeiten sind das die empfindsame Nase, die fantastischen Leistungen ihrer Tasthaare und ihr beispielloser Gleichgewichtssinn.

Daraus lässt sich lesen

Mit ihren Sinnesorganen können Katzen nicht nur ganz hervorragend wahrnehmen, sie nutzen sie auch, um ihren Artgenossen etwas mitzuteilen. Während eine Katze zum Beispiel akustisch ortet, nehmen ihre großen äußerst beweglichen Ohrmuscheln in rascher Folge charakteristische Stellungen ein. Anhand dieser Reaktionen ist es anderen Katzen möglich, unmissverständlich abzulesen, was ihre Artgenossin gerade im Visier hat, wie stark ihr Interesse geweckt wurde, und ob es sich lohnt, selbst mal nachzuschauen. Beobachten wir unsere Katze genau, können auch wir anhand der Stellungen und Bewegungen der Ohrmuscheln, der Vibrissen-Ausrichtung, der Pupillenweite oder etwa der Kopfhaltung unserer Katze einiges über ihr Vorhaben und ihre Beweggründe herausfinden.

Der Blickwinkel macht's

Sicherlich gelingt selbst dem geübten Zweibeiner das „Lesen“ seiner Katze nicht annähernd so gut wie ihren Artgenossen. Oft sind die Einzelaktionen zu differenziert und erfolgen zu rasch hintereinander. Das heißt, dass das menschliche Auge schlichtweg überfordert ist – und dadurch wird das Interpretieren schwierig. Es ist keine schlechte Idee, eine Digitalkamera zu Hilfe zu nehmen. Denn bei schneller Bildfolge hält sie fest, was unser unbewaffnetes Auge nicht sieht. Auch ein kleines Diktiergerät kann nützlich sein, um sich Töne und Lautfolgen ins Gedächtnis zu rufen. Damit wir am Ende auch alles begreifen, was uns unsere Katze „erzählt“, und entsprechend darauf reagieren können, müssen wir uns zuerst mit ihrer Sprache und ihrem „Wortschatz“ auseinandersetzen. Fangen wir mit denen an, die leicht zu entdecken und zu verstehen sind.

Katzen sind kleine Plaudertaschen

Zu einer Sprache gehört Vokabular

Oh, dieses klägliche hoch frequente „Miau-Miau“ unserer geliebten Miez: Darauf reagieren wir sofort.

Körper- und Duftsprache sind bei der Katzen-Kommunikation von größerer Bedeutung als Laute. Nur mit uns Menschen „reden“ sie gern, viel und abwechslungsreich.

Ob in Form von Lauten, Mimik, Berührungen, Körperhaltungen, der Bewegung bestimmter Körperteile oder durch Verhaltensabfolgen, die meist mit der Abgabe von Duftsignalen einhergehen: Katzen bedienen sich eines reichhaltigen Repertoires „sprachlicher“ Elemente, mit denen sie sich mitteilen, ihre Gemütsverfassung zeigen und ihre Wünsche und Bedürfnisse ausdrücken. Diese „Sprache“ setzen sie bei anderen Tieren einschließlich des Menschen ein.

Geübte Dolmetscher

Welche Vokabeln die Katze im Einzelfall verwendet, und wie erfolgreich die Informationsübermittlung ist, hängt von den Erfahrungen des Empfängers ab, aber auch von denen der Katze. Katzen, die im Umgang mit Menschen geübt sind, kommunizieren nämlich wesentlich stärker mit Lautäußerungen, als solche, die noch keine Erfahrungen sammeln konnten, wie wenig wir in Sachen Körpersprache und olfaktorischer Wahrnehmung draufhaben. Sie lernen erst durch das Zusammenleben, wie wichtig das gesprochene Wort für Zweibeiner ist.
Dieses Ergebnis ist unabhängig von der Rassezugehörigkeit der Miezen, auch wenn sich die Katzenrassen hinsichtlich ihrer Gesprächigkeit erheblich unterscheiden.

Mit Hunden reden

Treffen sich Hund und Katze, setzt die (hundeerfahrene) Katze verstärkt nonverbale Kommunikationselemente wie Mimik und Körperhaltung ein, ähnlich wie bei ihren Artgenossen. Vierbeinern gegenüber teilen sich Katzen deutlich weniger über Lautsprache mit als uns sprachlich orientierten Menschen.

Tipp
„Klick-Klack“ Clickertraining

Probieren Sie es doch einmal mit „Clickern“, dem altbewährten Knackfrosch aus Kindertagen, und Sie werden staunen, wozu Ihre Samtpfote fähig ist. Konditionieren können Sie Ihre Miez freilich auch ganz einfach auf das Öffnen der Kühlschranktür …

Gegenseitiges Köpfchengeben: Die junge Vizsla-Hündin weiß sich zu benehmen und erwidert den typischen Miezengruß gekonnt.

Missverständnisse und „Übersetzungsfehler"

Dennoch kommt es zwischen Hund und Katze immer wieder zu Missverständnissen. Einzelne Körpersignale können – wie zum Beispiel heftiges Schwanzwedeln oder eine erhobene Tatze – bei Hund und Katz' leider genau die gegenteilige Mitteilung beinhalten und damit beim Gegenüber bestenfalls Erstaunen hervorrufen. Mit der Zeit lernt man allerdings das zu tolerieren und versteht sich trotzdem.

Fremdsprachen lernen

Neben dem, was wir tun, richten Katzen ihr Interesse verstärkt auf das, was wir sagen und vor allem darauf, wie wir es sagen.

Selbst wenn sie den Sinn unserer Worte nicht exakt erfassen können, lernen sie, stets wiederkehrende Laute (gleiche Klangfarbe, Tonhöhe, Lautstärke vorausgesetzt) mit einem bestimmten Verhalten oder einem besonderen Objekt zu verknüpfen. Verhaltensforscher haben herausgefunden, dass Katzen in der Lage sind, 30 bis 50 Wörter zu unterscheiden und zu verstehen. Das ist eine beachtliche Leistung für einen vermeintlichen Einzelgänger, der eigentlich kein intensives soziales Interesse benötigen würde. Schon allein die Tatsache, dass eine Katze versucht, unser fremdartiges Verhalten und sogar unsere menschliche Sprache zu verstehen, zeigt, dass vielleicht doch eine starke soziale Komponente in ihr steckt.

„Iiiiiiieh!"

Worauf Miezen besonders abfahren, sind Wörter mit „i"s, vor allem, wenn sie in hoher Stimmlage gesprochen werden. Auch auf fiepende Laute und Quietschtöne reagieren sie sofort mit gesteigerter Aufmerksamkeit. Wen wundert's, piepsen doch ihre bevorzugten Beutetiere, die Mäuse, exakt auf dieser Frequenz. Selbst mit Klick-Lauten kann man Katzen überzeugen, schnurstracks herbeizueilen, ja man kann sie sogar dazu anregen, bestimmte Verhaltensweisen auszuführen.

Noch alles offen: Geht man sich besser schnell aus dem Weg oder nimmt man sich doch noch aufs Korn? Das gegenseitige Fixieren verheißt nichts Gutes …

5

Verstehst du mich?

Mehr als tausend Worte

Facetten des Miaus

Katzen hören genau hin, wie wir etwas sagen. Auch wir sollten dies tun, denn auch die Miez sagt nicht bloß „Miau".

Angeborener Wortschatz

Anders als der Mensch, der nur richtig sprechen lernt, wenn er Gehörtes nachahmen kann, brauchen Katzen dieses Vorbild offenbar nicht. Auch taub geborene Kätzchen lernen die Lautsprache in all ihrer Vielfalt, ohne je ein akustisches Feedback erlebt zu haben.
Man vermutet, dass Katzen die gesamte Bandbreite der arteigenen Lautgebung (von Miauen über Schnurren bis Fauchen) von Geburt an in sich tragen und diese zunächst noch ziemlich bruchstückhaft und – außer ein paar überlebenswichtigen Lauten – noch recht ungezielt einsetzen. Über Versuch und Irrtum prägt sich ihnen schließlich ein, was jeweils erfolgreich und somit der Situation angepasst war.

Das allerschönste Miau

Ähnlich verfahren gesunde Katzen, wenn sie an unserer Reaktion ausprobieren, welche ihrer eigens für uns kreierten Miau-Formen am wirkungsvollsten sind. Sie werden nach Ort, Zusammenhang und bei verschiedenen Menschen getestet. Denn ein solches Miauen ist als Aufforderung gedacht, endlich im Sinn der Katze zu handeln. Untereinander benutzen erwachsene Tiere es selten, dieses „Mi", „Miiii-ihhh", „Mieeeh", „Meeea", „Mrrrrau-Mrrrrau", „Marauh", „Miauauau"... – ihr wohlbekanntes „Miau", das unterschiedlicher nicht sein könnte, ob man nun die Lautäußerung als solche betrachtet, die Tonhöhe oder etwa die Lautstärke.

Schon die Allerkleinsten üben ihre Stimmchen. Und das ist auch gut so, denn nur wer sich lauthals zu Wort meldet, findet rasch Gehör.

„Hallo mein Kätzchen." „Miau" (sieht her). „Wie geht's Dir heute?" „Mi-Mi-Miiiii" (reckt Schwanz in die Höh). „Na, dann komm mal her zu mir." „Mhaa" (kommt zielstrebig auf Sie zu). „Erzähl! Wie war Dein Tag?" „Mrrrrrrrrrrr-mi" (gibt Köpfchen, schnurrt).

Die Betonung macht's

Das Miau lässt sich prima verändern. Denn jede Silbe kann sowohl in der Länge, als auch was die Betonung betrifft, variiert und damit in der Bedeutung verändert werden. Ist die Katze enttäuscht, bekommt das „a" mehr Gewicht. Manchmal besteht das „Miau" dann überhaupt nur aus einem „a". Wird das „u" betont, klingt es ziemlich verzweifelt. Die Katze bettelt. Soll das Betteln fordernder sein, wird das „u" häufig wiederholt, wobei sich das Mäulchen nur sehr langsam schließt, sodass die zu übermittelnde Botschaft länger andauert. Ist die Mieze guter Dinge lässt sie ihr „Miau" fröhlicher und leichter klingen, manchmal auch mit einfließendem Schnurren.

Maunzen im Ultraschallbereich?

Wenig untersucht ist bisher, inwieweit derartige Lautäußerungen in den Ultraschallbereich fallen. Vermutlich ist das sogenannte stumme Miau überhaupt nicht geräuschlos, sondern so hochfrequent, dass wir es aufgrund unseres begrenzten Hörvermögens einfach nicht wahrnehmen können. Sie kennen dieses sanft bittend-fragende Miau bestimmt: Ihre Katze reckt Ihnen ihr weit geöffnetes Mäulchen entgegen und schließt es wieder, ohne dass wirklich ein Ton dabei herausgekommen wäre. Rücken Sie zum „Köpfchengeben" ganz dicht an Ihre Miez heran, können Sie allenfalls ein leichtes Wispern vernehmen. Anderen Katzen mit ihrem feinen Gehör würde diese Mitteilung bestimmt nicht entgehen. Könnte es vielleicht sein, dass die Tiere sich untereinander doch wesentlich häufiger verbal unterhalten als wir glauben, nur eben im für uns unhörbaren Ultraschallbereich? Gerade im Nahbereich wäre dies nämlich ein effektives Kommunikationsmittel. Denn die Leisetreter mit der oft verkannten sozialen Ader gehen viel häufiger in freundlicher Manier auf Tuchfühlung als gemeinhin angenommen.

Plauderstündchen

Wenn Miezen maunzen, gurren, zwitschern, singen

Wann immer Katzen etwas wollen, miauen sie. Das beginnt schon im Nest, wenn die Katzenbabys ihrer Mutter signalisieren möchten, dass sie hungrig sind, ihnen kalt ist oder sie sich unwohl fühlen. Ein herzzerreißendes kindliches „Miii“ (später, im Alter von ca. drei Wochen, auch ein drängendes „Miichja“) – und Muttern ist sofort mit einem zarten „Mrrrrr“, einer Art rollendem Miau, zur Stelle, um unter wohlig-beruhigendem, vibrierendem Schnurren den Kätzchen Wärme, Schutz und Nahrung zu spenden. Anders als bei Wildkatzen, bei denen sich diese Lautäußerung während des Heranwachsens verliert, hat sich bei unseren Hauskatzen jene frühkindliche Verhaltensweise bis ins Erwachsenenalter hinein erhalten, ja sie wird sogar im Kontakt mit Menschen je nach Bedarf individuell erweitert und modifiziert.

Zaghaft oder drängend, leise gurrend oder melancholisch vibrierend: Katzenlaute stecken voller Gefühle.

Katzendialekte

Ob sie bettelt oder sich beklagt: Jede Katze hat ihre eigenen Miau-Dialekte. Manche Tiere quasseln stets viel lauter und fordernder als andere, manche flechten in ihr Miau-Gespräch einzelne sehr helltonige Gurr- und Zwitscherlaute und leise maunzende Töne ein, um möglichst differenziert und besonders freundlich mit ihrem Menschen zu plaudern. Nicht selten ist das liebreizende „Grauraurau“.

Sanfte Töne

Zarte Gurr- und Zwitschergeräusche senden Katzenmütter aus, wenn sie zu ihren Jungen ins Nest zurückkehren – und, etwas lauter, als eine Art Trillertirade, wenn sie ihre Kleinen auffordern, ihnen zu folgen. Ist der Nachwuchs schon etwas größer und erkundet selbstständiger die Umgebung, rufen

Auf das Miau seiner Mutter kommt das Kitten herbeigelaufen und wird liebevoll umsorgt.

Katzenmütter ihn auf diese Weise zu sich, um ihnen eine Milchmahlzeit zu servieren. Auch potente Kater machen rolligen Kätzinnen nicht selten mit galantem Smalltalk den Hof, und, steht der Umworbenen der Sinn danach, antwortet sie auf gleiche Weise. Stundenlang – im wahrsten Sinne des Wortes – kann sich das Liebesgeflüster hinziehen.

Tenöre unter sich

Ein sehr eindrucksvolles Schauspiel ist der sogenannte Katergesang, der eigentlich kein Gesang aus freudigem Anlass, sondern vielmehr Ausdruck von Revier- und Rangstreitigkeiten unter potenten Katern ist. Trotz ihrer Ernsthaftigkeit erinnert die Darbietung mit ihrer häufig wiederholten Lautfolge „Mauamamama-Mauamamama" eher an weinende Kleinkinder, die nach Mutters Fürsorge verlangen, als an Machogehabe. Doch den Kontrahenten ist es bitterernst, das zeigt auch die bedrohliche Körpersprache und Mimik, die die Lautäußerungen begleiten. Übrigens wird der „Gesang" nicht unbedingt im Beisein einer angebeteten Katzendame vorgetragen.

Der erfahrene Hofkater Jerry weiß Bescheid: Geduldiges Warten – von liebreizenden Gesangsdarbietungen untermalt – zahlt sich aus.

Katergetöse

Auch ohne ein rolliges Weibchen in unmittelbarer Nähe „singen" die Männchen ab und zu auf diese Weise; manchmal eine halbe Stunde lang, so lang eben, bis man sich endgültig in die Wolle bekommt, oder bis schließlich einer mit so langsamen Bewegungen das Feld räumt, dass man glaubt, eine Zeitlupenaufnahme zu betrachten. Letzteres geschieht wesentlich häufiger. Man will sich schließlich nach Möglichkeit nicht verletzen.

Stimmgewaltig

Fauchen, spucken, knurren

Einleitung einer Auseinandersetzung: das Fauchen. Der junge Kater will die Zurechtweisung durch seine Mutter nicht hinnehmen und muckt auf.

Situationsangepasst: Katzen können markerschütternde Schreie von sich geben und damit unmissverständlich ihr Unbehagen kundtun. Sie können sich aber auch anders artikulieren, dann fällt der Protest leiser aus.

Manchmal wird ein unbedarfter Zweibeiner auch mit einer weniger angenehmen Lautsprache der Katze konfrontiert, und kann statt Gurren, Zwitschern oder eines „Miaus" zum Beispiel ein Fauchen oder Spucken ernten, etwa, wenn er ihre Warnsignale übersieht oder ignoriert.

Fauchen

Fauchen geht so: Gesicht in fratzengleiche Runzeln legen, Maul halb öffnen, Oberlippe hochziehen und Zähne entblößen, Zunge bis zum Gaumen nach oben wölben und kurz und scharf Luft ausstoßen, sodass das Gegenüber wenigstens noch einen Hauch davon mitbekommt. Wenn das nicht bedrohlich wirkt? Allein die Mimik, die das heftige Schauspiel begleitet, kann ausreichen, den Aufdringling auf Distanz zu halten – als stimmloses Fauchen sozusagen. Wird die Luft auffallend heftig und möglichst langanhaltend ausgestoßen, entsteht ein Furcht einflößendes Zischen nach Schlangenart. Das wirkt noch abschreckender. Gefaucht wird zur Abwehr, gewissermaßen als Vorbote einer Verteidigung

→ Katzenerziehung

Wird ein Kitten von seiner Mutter angefaucht, heißt das: „Pass auf, das ist gefährlich!" oder auch: „Wirst du dich wohl benehmen?!" Ältere Geschwister oder erwachsene Artgenossen grummeln bisweilen heftig, bevor sie die Kleinen mit Fauchen zurechtweisen, weil diese sich ungebührlich verhalten.

(oder eines Angriffs), gewöhnlich auch aus Unsicherheit, Angst oder Wut heraus. Es wird gegenüber Artgenossen ebenso eingesetzt wie gegenüber dem Menschen oder etwa einem Hund.

Spucken

Zeigt das Fauchen nicht den gewünschten Erfolg, hat die Miez noch mehr Gesten auf Lager, um ihrem Missfallen Ausdruck zu verleihen und ihrem Gegenüber verstärkte Angriffsbereitschaft zu signalisieren: das Spucken. Hierbei stößt die Katze unvermittelt Luft und mit dieser einen schreckenerregenden Laut aus, der den Widersacher verblüffen und ihr währenddessen Gelegenheit geben soll, das Weite zu suchen. Ist Fliehen nicht möglich, und um die Ernsthaftigkeit der Situation zu unterstreichen, schlägt die Katze dabei gelegentlich mit einer oder beiden Vorderpfoten auf den Boden.

Knurren und Grollen

Wenn auch das Spucken nicht genügt, greift die Katze zum letzten Mittel „sanfter" Abwehr: dem Knurren – das mit geschlossenem Maul funktioniert, weil dabei nur die Mundwinkel nach oben gezogen werden.
Lautstarkes ausdauerndes Knurren zeugt von höchster Erregung und einem unmittelbar bevorstehenden Angriff und Beschädigungskampf. Denn bei Pfotenhieben bleibt es meist nicht mehr. Ist die Mieze stinksauer und will partout, dass der Gegner sich zurückzieht (zum Beispiel auch, weil sie einen leckeren Happen verteidigen möchte), können sich die Knurrlaute steigern und in ein noch beängstigender wirkendes Grollen übergehen: „Lass' mich bloß in Frieden, sonst gibt's Prügel!"

→ „Essen ist fertig"

Leisere, fast klagend anmutende Schrei-Rufe, die oft an ein abgewandeltes „Miau" erinnern, stoßen Katzenmütter aus, wenn sie ihren Jungen Futter mit nach Hause bringen und schnell deren Aufmerksamkeit erregen wollen. Offensichtlich erkennen die Kleinen anhand der verschiedenen Rufe, um welches Beutetier es sich handelt, das Muttern da herbeischleppt. Beim sogenannten „Maus-Ruf" (so haben Katzenforscher festgestellt), kommen alle schnell herbei, beim „Ratten-Ruf" sind sie zaghafter.

Katzensprache pur: Sie ist stinksauer und entschlossen, den Lover sofort loszuwerden. Er weiß, dass es gleich was setzt, und ist schon im Begriff, sich zurückzuziehen ...

Drohgeheul und Kreischen

Fühlt sich eine Katze in die Enge getrieben, kann es sein, dass sie es dem Gegenüber durch ein Drohgeheul in Form hoher kehliger, jammervoll klingender Töne zu verstehen gibt. Sie kann in solchen Momenten auch kreischen. Das kreischende Schreien hört man allerdings auch von Katzen, denen gerade Schmerz zugefügt wird, etwa weil man sie versehentlich getreten hat (dann ist es meist weniger hart und kürzer), sowie vom weiblichen Tier gegen Ende des Paarungsaktes – wenn der Kater (was vermutlich schrecklich weh tut) seinen „stachelbewehrten" Penis aus der Scheide zieht. Wütende Warnschreie, die eher spitz statt kreischend klingen, geben Katzen ab, wenn sie Eindringlinge in ihrem Revier geortet haben.

Vibrierende Botschaften

Vom Schnurren und Purren

Geschnurrt wird, was das Zeug hält

Ein unvergleichliches Geräusch mit herrlich beruhigendem Effekt ist das Schnurren (der aus dem Englischen abgeleitete Begriff „Purren“ trifft den erzeugten Ton fast noch besser). Schon die winzigen Kitten im Alter von rund einer Woche können schnurren, etwa beim Saugen. Ihre Mutter weiß dann Bescheid: „Alles bestens.“ Kehrt die Katzenmama nach einem Ausflug ins Nest zurück, schnurrt sie ebenfalls und zeigt der Kinderschar, dass alles in Ordnung ist. Auch erwachsene Katzen geben einander mit mehr oder weniger intensivem Schnurren ihre freundlichen Absichten zu verstehen. Katzenwelpen nähern sich Alttieren oft mit Schnurrgeräuschen, ebenso die Alten, wenn sie mit den Kleinen Kontakt aufnehmen wollen. Selbst beim Fressen oder Spielen kann man lautes Schnurren hören, was so viel bedeutet wie: „Ich bin friedlich gestimmt.“ Schnurren ist (zumindest im Nahbereich) ein gebräuchliches Mittel unter Katzen, sich gegenseitig friedvolle Stimmung anzuzeigen. Doch nicht nur unter Ihresgleichen ist Schnurren ein oft genutztes Verhalten. Auch Hunde oder Kaninchen werden heftig beschnurrt.

Katzen können stundenlang schnurren. Mal ist das Schnurren sanft und ruhig, mal rau und fordernd; ganz so, wie der Miez gerade zumute ist.

Mutters Fürsorge und ihr beruhigendes vibrierendes Schnurren lassen die Furcht des kleinen Katerchens mehr und mehr weichen.

Aua – Schmerzen!

Katzen schnurren auch, wenn sie verletzt oder krank sind, Schmerzen haben, und sogar dann, wenn sie im Sterben liegen. Möglicherweise versuchen sie, da sie ihre Schwäche spüren, mit diesem Geräusch einen potenziellen Widersacher zu besänftigen, ihm mitzuteilen, dass keine Gefahr von ihnen ausgeht, ja vielleicht auch, um sich selbst zu beruhigen.

Ganz entspannt

Katzen betören nicht zuletzt auch Menschen mit Schnurrlauten. Welcher Katzenhalter kennt es nicht, dieses behagliche Gefühl, das sich einstellt, wenn man dem leisen Surren seiner Katze zuhört? Haben wir die Miez erst einmal auf dem Schoß und spüren dieses unmerkliche Summen, das sich langsam steigert, so lang bis ihr ganzer Körper unter lauten Tönen bebt, reagieren wir sogar körperlich:

Nachdem wir die Katze ausgiebig gestreichelt haben, beginnt sie meist, sich zu putzen. Man vermutet, dass sie dadurch unseren Individualgeruch mit ihrem vermischen möchte.

Diese beiden, Fleur und Tinker, treffen sich gern zum gemeinsamen in der Sonne kuscheln – dabei schnurren sie laut um die Wette.

Unser Blutdruck sinkt, wir entspannen uns – und fühlen uns rundum wohl. Kein anderes Haustier bringt diese bewegenden Töne zustande. Sanftes Schnarchen ist zwar auch beruhigend, löst aber nicht dieses wohlige Empfinden aus wie das Schnurren.

Über das Wie weiß man wenig

Katzen sind in der Lage, sowohl beim Einatmen als auch beim Ausatmen zu schnurren, sogar während sie trinken, essen, saugen oder dösen. Wie dieses permanente Schnurrgeräusch allerdings zustande kommt, ist immer noch ungeklärt. Es existieren zwar mehrere Theorien, aber keine ist richtig überzeugend,

- weder die, die Turbulenzen im Blutkreislauf dafür verantwortlich macht,
- noch die, nach der sogenannte Taschenbänder (neben den Stimmbändern gelegene bandförmige Strukturen) in Schwingung versetzt werden, die dann Brust und Luftröhre der Katze vibrieren lassen,
- und auch nicht die, wonach wechselseitige Kontraktionen von Kehlkopf und Zwerchfell die Ursache darstellen.

Ich vertraue dir

Treteln, Köpfchengeben und Co.

Ohne Worte: Inniges Kontaktreiben zwischen Mutter Lilly und Tochter Tina als Zeichen enger freundschaftlicher Verbundenheit.

Treteln

Ein Ausdruck des Wohlbehagens, ein Relikt aus Kindertagen, ist das Treteln. Sobald die winzigen Kitten ihre Lippen fest um Mamas Zitzen gelegt haben und saugen, beginnen sie, das Gesäuge abwechselnd mit den Vorderpfötchen und weit gespreizten Zehen knetend zu bearbeiten. Das regt den Milchfluss an. Dieses Verhalten kann bis ins Erwachsenenalter beibehalten werden. Katzen zeigen es bevorzugt bei Menschen (v. a. beim Kraulen) – als Beweis großer Zuneigung und als Zeichen von Zufriedenheit und Wohlbefinden. Während des rhythmischen Knetens hält die Katze ihre Augen fast immer geschlossen, manchmal döst sie sogar. Zumindest scheint sie wie auf Wolken zu schweben.

Hier prüft Lilly genau, woran Tina sich kurz zuvor hingebungsvoll gerubbelt hat.

Köpfchengeben

Auch das sogenannte Köpfchengeben sowie das „Entlangstreichen“ sind als Zeichen von Vertrautheit und Verbundenheit zu verstehen. Sie als Katzenliebhaberin wissen sicher, wovon ich spreche: Ihre Katze schmiegt den Kopf in Ihre hohle Hand oder an Ihre Wangen, und reibt genüsslich schnurrend und mit geschlossenen Augen Stirn, Wangenbereich, Kinn und auch die Lippen an Ihrer Haut. Erwidern Sie diese Geste durch Streicheln (etwa über deren Stirn, an den Wangen, unterm Kinn, über den Rücken bis zur Schwanzbasis), tut sie es immer wieder.

Um die Beine streichen

Kommt die Katze zur Begrüßung oder um einen leckeren Happen zu ergattern, streicht sie an Ihren Beinen entlang, zunächst mit dem Köpfchen, danach mit den Flanken und schließlich mit ihrem Schwanz – den sie Ihnen dabei regelrecht um Fesseln oder Waden windet und so sehr in die Höhe reckt, dass auch die Schwanzwurzel Kontakt mit Ihnen bekommt.

Bei einer Katze, die sehr großes Zutrauen zu ihrem Menschen hat, kann man beobachten, dass sie während des Köpfchengebens Finger, Handrücken oder auch den Unterarm ihres Zweibeiners beleckt beziehungsweise sanft mit den Schneidezähnen beknabbert.
Eine weitere Geste der Sympathie: Miezes größter Liebesbeweis ist sicherlich ein sanfter Nasenstüber von Angesicht zu Angesicht.

Gerüche übertragen

Beim Köpfchengeben und beim „Entlangstreichen", also dem gezielten Kontaktreiben mittels ganz bestimmter Körperteile, geht es der Katze nicht nur um die Lust an der Berührung, sondern vor allem um das Anbringen von Duftmarken. Denn an diesen Körperstellen besitzt sie neben den Tastrezeptoren auch Drüsen, die Duftstoffe absondern. Mit diesen Düften parfümiert sie ihr Revier und alle darin befindlichen (neuen) Gegenstände und Lebewesen. Das tut sie, um ihren Besitzanspruch geltend zu machen und als Ausdruck der Zusammengehörigkeit. Dieser vertraute Geruchscocktail gibt ihr, wann immer sie daran schnuppert, Sicherheit und Geborgenheit.

→ *Aufgefrischt*

Obwohl Duftbotschaften weitaus haltbarer sind als Geräusche oder optische Signale, verblassen sie mit der Zeit. Das bedeutet, dass das Prozedere in regelmäßigen Abständen wiederholt werden muss. Daher rührt das unübersehbar große Verlangen der Katzen, möglichst oft mit ihrem direkten Umfeld in Duftaustausch zu treten. Richtiggehend süchtig sind sie danach, sich überall entlangzureiben, ob das nun an einem Türrahmen ist, an Stuhlbeinen, Hecken – und eben an vertrauten Artgenossen und dem Menschen.

Mein Duft, dein Duft

Während die Katze sich so intensiv reibt, gibt sie nicht nur Duftstoffe ab, sondern nimmt auch welche auf – Düfte des vertrauten Menschen beispielsweise oder die von ihren Artgenossen, die zusammen mit ihr leben, außerdem alle Gerüche, die sich an den Dingen befinden, an denen sie sich entlangschmiegt. Dadurch trägt auch sie diese Duftmarken auf ihrem Körper, kann diese beim Schubbern weitergeben und zum Beispiel während der Fellpflege inhalieren. Dabei vergewissert sie sich ihrer Zugehörigkeit zu den jeweiligen Geruchsspendern.

Aufwendiges Schubbern und Kratzen am Tor zum Hof, damit auch jeder mitbekommt: „Minka was here!"

EXTRA
Pheromone – Aromen mit umwerfender Wirkung

Jene Duftstoffe, die Katzen in den Duftdrüsen ihres Gesichtsbereichs (beispielsweise den Wangen- oder Kinndrüsen) produzieren und beim Reiben an ihr Umfeld weitergeben, sind von besonderer Art. Es handelt sich hierbei nicht um jene kleinen, leicht flüchtigen Geruchspartikelchen, die bei jedem Atemzug aus der Umwelt in die Nase gelangen, zur Riechschleimhaut am Nasengrund geführt und am Ende im Riechhirn zu einer Geruchsempfindung umgesetzt werden, sondern vielmehr um sehr große, recht schwere, nicht flüchtige Substanzen, sogenannte Pheromone, die auf einem völlig anderen Weg transportiert werden müssen, da die „normalen" Riechsinneszellen in der Katzennase überhaupt nichts mit diesen schwerfälligen Molekülstrukturen anfangen können.

Alle Katzen flehmen, potente Kater tun es jedoch am häufigsten und ausgeprägtesten.

Flehmen – nicht nur eine Grimasse

Wenn die Geruchswahrnehmung von Pheromonen nicht wie bei anderen Duftstoffen über das Riechfeld tief im Inneren der Nase vermittelt wird, wo dann?

Wie Hunde und zum Beispiel Pferde besitzen Katzen ein kleines zusätzliches Riechareal an ihrem Gaumen auf der Höhe der Schneidezähne (Jacobson'sches Organ, Vomeronasalorgan (VNO) oder auch Mund-Riech-Organ genannt), an dessen Sinneszellen diese Moleküle andocken können und damit schließlich einen Geruchseindruck bewirken. Und was für einen! Bei einzelnen solcher Düfte können Katzen geradezu in Verzückung geraten. Bei anderen ist das Ergebnis nicht so frappierend und eher individuell.

Duftoase Heidekraut: Von den Katzen, die bei uns lebten, geriet allein Tina regelmäßig derart aus dem Häuschen.

Nur von Katzen wahrnehmbar

Pheromone sind den Hormonen ähnliche Botenstoffe, deren Charakteristikum es ist, ausschließlich zwischen Mitgliedern einer Art wirksam zu sein und „richtig verstanden“ zu werden. Katzen-Pheromone können demnach nur von Katzen gebildet und wahrgenommen werden. Wir riechen sie nicht. Somit haben wir auch nicht die leiseste Ahnung davon, welch „schweres“ Duftleuchtfeuer wir an uns tragen, nachdem wir mit unserer Miez geschmust haben. Wir ahnen jetzt allerdings, weshalb wir hinterher für andere Katzen derart attraktiv sind.

Durch Mund und Nase

Interessanterweise hat dieses besondere Riechorgan zwei Eintrittsöffnungen – eine im Nasenraum, die andere im Inneren der Mundhöhle, am Gaumendach. Das bedeutet, dass seine maximale Stimulation nur gewährleistet ist, wenn die entsprechenden Duftstoffe nicht nur über den Luftstrom der Nase herbeigeschafft werden, sondern vor allem über das Mäulchen der Katze. Denn nur dort werden die schweren duftbeladenen Partikel ausreichend im Speichel gelöst und in großer Zahl an die Rezeptorzellen gebracht.

Mit hochgezogener Oberlippe

Die Anstrengungen, die eine Katze unternimmt, um ihr „Riech-Schmeck-Organ“ ausreichend mit den berauschenden Pheromonmolekülen zu füttern, nennt man Flehmen. Bei diesem merkwürdig erscheinenden Verhalten reckt sie ihren Kopf etwas in den Nacken, öffnet ihr Mäulchen ein klein wenig, zieht die Oberlippe hoch, rümpft die Nase, saugt kräftig Luft ein und presst das entstehende Luft-Speichel-Gemisch mit bebender Zunge (einer Art Leck-Schmatzen) fest an ihren Gaumen – und damit genau auf die innere Eintrittsöffnung des Jacobson'schen Organs.

Eine auffällige Grimasse zwar, aber von enormer Tragweite, denn nur über dieses Verhalten kann eine Katze all jene Informationen mitbekommen, die ihr die Artgenossen mittels dieser spezifischen Duftpartikel mitzuteilen haben, etwa über den sozialen Rangplatz oder den Fortpflanzungsstatus.

Richtig flehmen zu können, will gelernt sein: Bereits mit vier Wochen beginnen die Kitten mit dem Üben.

Schnuppern, lecken, schmecken

Wenn Duftdrüsendüfte wabern

Besonders effektiv sind Pheromone verständlicherweise während der Paarungszeit. Die Geruchspartikel, die in Sexuallockstoffen enthalten sind, haben zweifellos die stärksten Auswirkungen auf das Verhalten der Katze. Doch nicht nur erwachsene Tiere können die Pheromonbotenstoffe riechen.

Versunken im Glück.

Beruhigende Düfte

Schon die neugeborenen Kitten wissen zumindest mit einem davon viel anzufangen: mit Mutters „Beruhigungspheromon", das alle zusammen so herrlich entspannen und zufrieden nuckeln lässt. Dieses sogenannte cat appeasing pheromone (CAP; zu deutsch: beruhigender Botenstoff bei der Katze) sondert die Kätzin unmittelbar nach der Niederkunft an der Mittellinie ihres Bauches ab, direkt zwischen den Milchdrüsen, wo es von ihren Babys beim Saugen und Kuscheln wunderbar wahrgenommen werden kann.

Wirkt bei Groß und Klein

Obwohl die Kätzin diesen Duftstoff nur produziert, solange ihre Kinder klein – also noch nicht entwöhnt – sind, wirkt er bei allen Katzen und in allen Altersstufen beruhigend. Diesen Umstand macht man sich zunutze und versprüht CAP zum Beispiel in Tierarztpraxen oder setzt ihn gezielt in der Verhaltenstherapie von Katzen ein, etwa bei ängstlichen Tieren. Denn längst hat man diesen Stoff künstlich nachgebaut und in Zerstäuber gepackt.

Begrüßung auf Kätzisch

Katzen ist es insbesondere für ihre Sozialkompetenz sehr wichtig, möglichst viele individuelle Duftinformationen von ihren Artgenossen zu erhaschen. Da gerade die besonders interessanten Pheromongerüche nicht wie andere leicht flüchtige Düfte über weite Strecken mit dem Wind transportiert werden, sondern nur auf geringen Distanzen wirksam sind, müssen die Samtpfoten miteinander auf Tuchfühlung gehen, um diese wahrnehmen und analysieren zu können. Wie sie das anstellen, lässt sich am schönsten beobachten, wenn zwei Katzen, die sich gut kennen und mögen, einander begegnen.

So nah wie möglich

Die Tiere stupsen zunächst ihre Nasen sachte aneinander und beschnuppern sich um Nase und Mäulchen herum, manchmal auch an den Wangen entlang bis zum Ohr. Dabei kommt gelegentlich die Zunge zum Vorschein und man leckt sich flüchtig übers Gesicht. Nach diesem kurzen Nasenstüber reiben beide ihre Köpfe, Körperseiten und Schwänze aneinander. Wie lange das dauert, hängt unter anderem davon ab, ob sie sich schon längere Zeit nicht mehr getroffen haben. Je länger die Begegnung zurückliegt, umso inniger ist der Körperkontakt – und somit der Duftaustausch. Gelegentlich kann man beobachten, dass sich die Tiere anschließend an den Flanken in Richtung Schwanzbasis beschnuppern. Auch der Analbereich wird kurz unter die Lupe genommen.

Dicke Freunde

Nach der Begrüßung gehen beide Tiere oft zusammen ein kurzes Stück ihres Weges (Seite an Seite), um schließlich wieder ihre eigenen Interessen zu verfolgen, oder, um sich für ein gemeinsames Nickerchen dicht aneinanderzuschmiegen. Intensiver Körperkontakt scheint für Katzen wichtig zu sein.

Die beiden jungen Kater sind ein Herz und eine Seele.

Stundenlang können „dicke Freunde" so zusammen kuscheln. Katzen erkennen sich am Geruch. Man geht davon aus, dass es v. a. die Sekrete ihrer Wangen- und Kinndrüsen sind, die ihnen diese Informationen liefern.

Nach inniger Begrüßung zusammen den Hof erkunden ...

Düfte regier'n die Welt

Harnspritzen und andere Gerüche

Neben Köpfchengeben und Reiben gibt es noch weitere sehr wirkungsvolle Methoden, Artgenossen individuelle Duftnoten kundzutun und ihnen mitzuteilen: „Hier wohne ich!", nämlich die Abgabe von Harn und Kot. Sehr eindrucksvoll ist das sogenannte Spritzharnen, also das demonstrative Markieren mit Harn. Vor allem HalterInnen unkastrierter Kater dürfte diese Verhaltenssequenz geläufig sein.

Das Spritzharnen hat eine wichtige soziale Bedeutung für Katzen, weshalb sie auch ein auffälliges Schauspiel darum veranstalten.

Gezielt platziert

Das Tier beschnüffelt gründlich eine auserwählte auffällige Stelle, die meist vertikal und auf einer Höhe von rund 30 Zentimetern gelegen ist. Dabei prüft es vermutlich den dort bereits angebrachten Duftmarken-Cocktail. Danach dreht es sich um, wendet dieser Stelle den Po zu, und drapiert sich aufrecht und mit hoch erhobenem, auffällig zitterndem Schwanz unmittelbar davor. Während es nun in einem feinen Strahl Harn dagegensprüht, tritt es abwechselnd mit den Hinterfüßen auf und ab.

Auch für menschliche Nasen wahrnehmbar

Potente Kater fügen dem Strahl noch ein paar Analdrüsensekrete hinzu, was den Geruch intensiviert – und, wenn dieses Prozedere an besagter Stelle oft genug wiederholt wird, auch von uns Menschen wahrgenommen wird.
Diese Duftmarken bestehen zwar überwiegend aus Pheromonen, die unseren Nasen verborgen bleiben, konzentrierter Katzenurin sowie Analdrüsensekrete beinhalten allerdings auch riesige Mengen an leicht flüchtigen Geruchspartikelchen, die (bei Katze wie Mensch) über die Riechschleimhaut der Nase registriert werden und damit auch bei uns wirken.

Selbst für die normale Harnabgabe im Hocken wird gewissenhaft ein passendes Örtchen ausgesucht. Manchmal wird auch Harn verbuddelt.

Duft-Fahne

Wie bunte Flaggen wehen die gespritzten Duftmarken im gesamten Katzenrevier (vermehrt an dessen Grenzverläufen) und zeigen an, wer hier das Sagen hat. Entgegen der landläufigen Meinung werden die Marken nicht nur von potenten Katern gesetzt. Auch kastrierte Kater und Kätzinnen (kastriert sowie unkastriert) spritzharnen, wenn auch weitaus seltener und jeweils ihrer sozialen Position entsprechend ausgeprägt. Offensichtlich haben nur die dominanteren Tiere das Verlangen, sich derart optisch und geruchlich zur Schau zu stellen.

Mein Revier!

Je mehr Katzen in einem Revier leben, umso häufiger wird per Harnspritzen der Besitzanspruch verkündet. Auch Wohnungskatzen zeigen das – nicht gern gesehene – Verhalten, zum Beispiel, wenn fremde Tiere einziehen oder auffällige Veränderungen in ihrem gewohnten Umfeld auftreten. Auch nach einem Umzug muss die Miez meist alles Mögliche in dieser Manier markieren. Selbst ein neuer Schrank oder ähnliches Mobiliar bedürfen nach Katzenmeinung zumindest ein Mal einer persönlichen Duftnote, um im Wohnbereich dauerhaft Akzeptanz zu finden.

Mit Kothäufchen Marken setzen

Katzen (hier sind es tatsächlich überwiegend unkastrierte Kater) markieren ihre Marschrouten und markante Plätze im Revier auch mit Kot. Dazu werden die festen Hinterlassenschaften aber nicht, wie sonst üblich, gewissenhaft vergraben, sondern äußerst augenfällig deponiert, vorzugsweise auf kleinen Erdhaufen oder anderen leichten Erhebungen. So jedenfalls, dass alle sie sehen und – riechen können. Denn das Vergraben von Kot (beziehungsweise Urin), soll, so nimmt man an, dazu dienen, dessen durchdringenden Geruch zu mindern. Augenscheinlich möchten aber nur einzelne, meist sozial hochrangige Tiere ihre Anwesenheit auf diese Weise an die große Glocke hängen. All die anderen setzen lieber auf subtilere Botschaften wie Pheromone und Kratzmarken (siehe Seite 40), um auf sich aufmerksam zu machen. Denn sie verscharren ihren Kot.

Am aufwendigsten ist die Abgabe der festen Hinterlassenschaften: Hier wird nach einer geeigneten Stelle gesucht und ein Loch gegraben, nach dem Verrichten alles beschnuppert und wieder zugescharrt.

EXTRA

Schwitzen? Fehlanzeige!

Katzen hecheln selten; und wenn sie es tun, ist die Wirkung wesentlich schwächer als beispielsweise bei Hunden.

Hecheln zum Abkühlen

Nicht nur Hunde und Vögel können hecheln, auch Katzen tun es, wenn ihnen zu heiß wird. Warum? Weil sie beim Hecheln irrsinnig schnell ein- und ausatmen und damit sehr viel Feuchtigkeit an die Umgebung abgeben können. Dabei verlieren sie zwar große Mengen an Speichelflüssigkeit, mit dieser aber auch jede Menge Hitze. Denn zusammen mit der Flüssigkeit verlässt auch überschüssige Wärme den Katzenkörper, und die Katze kühlt wieder ab. Damit das Hecheln möglichst effektiv ist, muss die Katze sehr viel trinken. Schwitzen kann sie bekanntlich nicht. Die für eine Schweiß- und damit Wärmeabgabe nötigen Drüsen an der Körperoberfläche fehlen ihr schlichtweg.

Ein kühles Plätzchen

Neben dem Hecheln, dass bei Katzen wirklich nur dann vorkommt, wenn es draußen außerordentlich heiß ist, haben die Tiere mehrere weitere Verhaltensstrategien entwickelt, um sich Kühlung zu verschaffen. Sie meiden zum Beispiel große Hitze, indem sie während der heißen Stunden des Tages im kühlen Versteck bleiben. Sie reiben und rekeln sich in feuchtem Laub oder kühlender Erde. Sie lecken ihren Körper großflächig ab und speicheln ganz gezielt das Fell auf ihrem Rücken, am Bauch und an den Flanken ein, womit ebenfalls Verdunstungskühle entsteht – und Hecheln gar nicht erst nötig wird. Achtung: Häufiges Hecheln bei einer Katze kann Hinweis auf eine ernste Erkrankung sein!

Durch Wälzen in feuchter Erde verschafft Lilly sich Kühlung.

Ablecken der Extremitäten

Gezieltes Einspeicheln des Fells am Rücken

Die Katzennase – ein Kühler für das Gehirn

Besonders spannend ist die Erfindung des Wundernetzes. Das ist ein reich verzweigtes Gefäßnetz an der Basis des Gehirns der Katze, das dafür sorgt, dass dessen empfindliche Zellen nicht überhitzen und zerstört werden. Diese auch Rete mirabile genannte Kühlungsstruktur wird von Adern versorgt, die aus dem Nasenraum stammen, und die von dort ihre Kühle mitbringen. Denn bei jedem Atemzug, oder bei jedem Hechelvorgang, wird über die Nasen- und Mundschleimhaut überschüssige Wärme an die Umgebung abgegeben, und das Blut, das zum Wundernetz fließt, dabei etwas abgekühlt. Nicht alle Tierarten besitzen diesen leistungsstarken Hirnkühler. Die, die einen haben (wie etwa Katzen oder Hunde), behalten bei großer Hitze wesentlich länger einen kühlen Kopf.

Hechelnde Miez'

Krallenschärfen oder was?

Die Sprache der Pfoten

Maniküre für Katzen

Ein leidiges Thema, wenn es im Haus an ungeeigneten Utensilien ausgeführt wird, aber ein ganz natürliches Katzenverhalten ist: Kratzen. Katzen, die ihre Krallen über Baumrinde oder andere meist hölzerne Objekte ziehen, schärfen dabei allerdings nicht nur ihre schlimmsten Waffen. Das zwar auch. Denn sie schleifen währenddessen die bröckelig spröden, also abgenutzten Außenschichten der Krallen ab (manchmal werden diese hauchdünnen Schichten sogar als Ganzes tütenförmig abgestreift) und schleifen die Krallen auf die richtige Länge zu, spitzen sie dolchartig an und reinigen die gefurchte Unterseite von Schmutz.

Zeichen setzen

Mindestens genauso wichtig wie das Bearbeiten der Krallen sind jedoch die sichtbaren und geruchlich wahrnehmbaren Spuren, die die Tiere hinterlassen. Zumindest aus Katzensicht lassen sich mit den Kratzspuren vorzüglich Nachrichten schreiben, ähnlich wie mit den übrigen Markierungsmethoden. So entstehen beispielsweise je nach Intensität und Dauer des Kratzens mehr oder weniger deutliche optische Marken, die den Artgenossen klarmachen, wer hier gearbeitet hat. Je selbstsicherer eine Katze ist, umso markanter sind die Kratzspuren, die sie in ihrem Revier hinterlässt und umso häufiger kratzt sie an prominenten Stellen.

Horizontale oder vertikale Flächen, trockenes hartes oder modrig feuchtes Holz: Katzen nehmen, was ihnen momentan am ehesten zusagt …

Da guckst du!

Übrigens lassen sich Katzen gern beim Krallenwetzen zuschauen. Man konnte sogar nachweisen, dass sie dieses Verhalten im Beisein von Artgenossen wesentlich häufiger an den Tag legten als ohne Zuschauer. Die eindeutige Message dieser Vorführung lautet demnach: „Leute hergeschaut! Ich bin die Allergrößte!"

Schon wieder Geruchsinformationen

Kratzen als solches, sowie die optischen Marken, die dabei entstehen, sind es aber nicht allein, die als Botschafter fungieren. Gerüche, genauer gesagt, Duftstoffe aus den Schweißdrüsen der Pfoten- und Zehenballen der Katze, werden bei diesem ins Auge stechenden Gehabe ebenfalls freigesetzt. Der Schweiß mit seinen Geruchsinhalten fließt allerdings nicht nur über das bearbeitete Areal hinweg, sondern ergießt sich förmlich in die dabei entstehenden Rillen, wo er über längere Zeit erhalten bleibt und die Nachrichten des Krallen-Wetzers nach und nach an die Umgebungsluft verdunstet. Je tiefer die Rillen, umso mehr Flüssigkeit hat darin Platz, und umso eindringlicher die übermittelten sozialen Botschaften.

Sogar die Daumenkrallen bekommen eine Maniküre. Katzen umklammern dabei fest das Kratzutensil, spreizen die Zehen ab, und ziehen genüsslich die Krallen durchs Material.

Schwitzefüße?

Wie stark die Schweißdrüsen arbeiten, das heißt, welche Menge an Sekret abgegeben wird, ist vom Erregungszustand der Katze abhängig: Je stärker die Erregung, desto stärker die Absonderung. Bei hohen Umgebungstemperaturen, und wenn die Katze Fieber hat, wird ebenfalls mehr Flüssigkeit abgesondert. Dann jedoch eher zur Verdunstungskühlung als zum Markensetzen.

Um ihre empfindlichen Ballen geschmeidig und elastisch zu halten (was unter anderem für das Tasten und einen erfolgreichen Beutezug notwendig ist), haben Katzen immer etwas schweißfeuchte Füße. Und so hinterlassen die vierbeinigen Leisetreter bei jedem einzelnen Schritt, den sie tun, Duftmarken im Gelände, aus denen andere Katzen Informationen ablesen. Selbst wir Zweibeiner mit unseren recht stümperhaften Nasen sind in der Lage, diese typisch moschusartig duftende Flüssigkeit an den Fußsohlen unserer Katzen wahrzunehmen, allerdings nur, wenn wir uns deren Füßchen möglichst dicht vor die Nase halten. Ob der Eindruck, den wir dabei gewinnen, allerdings ebenso spektakulär ist wie für eine Katze, ist fraglich. Ein interessanter Geruch ist's allemal.

Wie Klappmesser zu bedienen

Katzenkrallen in Aktion

Was Katzenpfoten so spannend macht? Einmal sind sie samtweich und im nächsten Augenblick spitz und messerscharf. Den Grund dafür kennt jedes Kind: Katzen können ihre Krallen einziehen und bei Bedarf blitzschnell wieder hervorschnellen lassen.

Krallen als todbringende Waffen ...

Zeig mir deine Krallen

Beim ruckartigen Ausfahren werden die Zehengelenke leicht gedreht, sodass die Krallen dem Zielobjekt entgegengekippt werden, bevor sie zupacken. Außerdem wird durch das gleichzeitige Auseinanderspreizen der Zehen die Tatze deutlich vergrößert. Das ist nicht nur bei der Jagd sehr vorteilhaft sondern auch für einen erfolgreich abwehrenden Prankenschlag oder, wenn es für die Mieze gilt, schnell einen Baum zu erklimmen. Beim „Einfahren" ziehen kleine Muskeln das letzte Zehenglied in eine über dem Krallengelenk befindliche Hauttasche zurück, und zwar so tief, dass die Krallenspitze beim Laufen den Boden nicht mehr berührt und womöglich stumpf würde.

Wann ausgepackt wird

Der sogenannte Krallmechanismus, der die Krallen der Katze derart beweglich macht, ist äußerst kompliziert und wird situationsbedingt gesteuert (Klettern, Beutefang, Verteidigung). Außerdem ist er von der Stimmung der Katze abhängig. Ist sie beispielsweise sehr erregt, kommen ihre Krallen ganz automatisch zum Vorschein und werden wieder in ihre Taschen zurückgezogen, sobald die Anspannung sinkt. Auch beim gemeinsamen Spiel oder beim Schmusen können Katzen plötzlich und unerwartet die Krallen ausklappen und blutige Kratzer auf der Haut ihres Besitzers hinterlassen. Dies geschieht rein instinktiv und ohne jegliche Verletzungsabsicht des Tieres. Seine Katze dafür zu maßregeln, wäre absolut unangebracht und für das Tier unverständlich.

Krallen als Steigeisen. Beim Abstieg funktioniert der Krallmechanismus nicht, es sei denn, die Katze klettert rückwärts hinunter. Meist springt sie aber lieber …

Kitten-Krallen müssen reifen

Das subtile Wechselspiel zwischen Sehnen und Muskeln der Miezen-Pfoten funktioniert nicht von Geburt an. Erst mit circa fünf Wochen können Katzenwelpen ihre Krallen in die vorgesehenen Hautfalten zurückziehen und wenn nötig wieder hervortreten lassen. Beim Treteln an der Milchbar malträtieren sie das empfindliche Gesäuge ihrer Mutter nicht über die Maßen, denn Welpenkrallen sind noch recht weich und kaum zugespitzt. Zum Schutz der Geburtswege werden diese nämlich stumpf und weich angelegt. Erst durch Wachstums- und Trocknungsprozesse härten die Krallen aus, bis sie nach mehreren Wochen ihre endgültige Konsistenz erreicht haben. Auch die Spitzen erlangen erst durch Benutzung ihre Schärfe und Sichelform.

Kitten-Krallen sind weich und biegsam, und sie können noch nicht eingezogen werden, weshalb die kleinen Kätzchen leicht an fusseligem Untergrund wie einem Frotteehandtuch hängenbleiben.

Mit den Füßen hören?

Samtpfötchens Sensoren

Samtpfoten: Wenn Katzen ihre Krallen zwischen den weichen Zehenballen verschwinden lassen, können sie sich fast lautlos bewegen – zum Nachteil ihrer Beute …

Können Pfoten hören?

Katzenfüße können noch viel mehr als nur kratzen und Schweiß absondern: Sie können sogar „hören". Nicht, dass Katzen tatsächlich Schallrezeptoren an den Pfoten hätten, vergleichbar denen im Innenohr, es sind lediglich freie Nervenenden, die sich dicht unter der Hautoberfläche ihrer Pfotenballen und an der Basis ihrer Krallen befinden. Doch die sogenannten Pacini-Körperchen haben es in sich. Weil es so viele sind und sie so irrsinnig empfindlich auf Vibrationen reagieren, können Katzen damit feinste Erschütterungen wahrnehmen, solche beispielsweise, die von ihren Beutetieren tief im Erdreich verursacht werden. Die gefühlten Informationen aus dem Pfotenbereich sind allerdings nicht nur für erfolgreiche Beutezüge wichtig. Auch für das geschickte Laufen und Springen, für das sichere Klettern und Balancieren in luftiger Höhe sowie für ein zielsicheres Greifen sind sie ebenso überlebenswichtig.

Pfoten „ausstreichen"

Sicher haben Sie Ihrer Katze schon beim Beutefang (ob nun lebend oder in Form eines Spielzeugs) zugeschaut, und beobachtet, dass sie mit ihren Pfoten dabei merkwürdige Sondierungsbewegungen ausführt. Die Erklärung dafür ist folgende: Weil die Tastkörperchen in den Pfoten überaus sensibel sind, ermüden sie rasch. Deshalb nimmt die Katze nach einer ersten erfolgreichen Registrierung den zu messenden Sinneseindruck plötzlich gar nicht mehr wahr. Um weitere Vibrationen spüren und die Beute schließlich fangen zu können, muss sie die winzigen Schwingungsfühler wieder auf „empfangsbereit zurücksetzen". Und das gelingt ihr nur, wenn sie das

Objekt, welches sie derart fesselnd findet, immer wieder antippt, beziehungsweise zwischendurch mit der Pfote den Untergrund, aus dem die zarten Bewegungen aufgetaucht sind, vorsichtig betastet oder sanft über diesen hinwegstreicht.

Man nennt sie deshalb Karpal-Vibrissen. Ob beim Erkunden eines Spielzeugs oder draußen auf der Jagd: Zuerst berührt die Miez das Objekt vorsichtig mit der Pfote, dann werden die Zehen blitzschnell gespreizt, die Krallen ausgefahren und fester zugepackt.

Karpalballen und Vibrissen

Der kleine kegelförmige Schwielenkörper in Höhe der Vorderfußwurzel, Karpalballen genannt, besitzt diese Berührungsempfindlichkeit übrigens auch. Ihn setzt die Miez vor allem beim Klettern ein und wenn sie ihre Beute bereits umfasst hält. Wie bedeutsam eine feine Wahrnehmungsfähigkeit im Pfotenbereich für den kletterbegabten Schleichjäger ist, zeigen auch die drei bis sechs augenfälligen (meist pigmentlosen) Tasthaare, die sich an den Vorderbeinen knapp oberhalb des Ballens befinden. Den Schnurrhaaren (Vibrissen) vergleichbar fungieren sie als zusätzliche Schwingungsrezeptoren.

Katzenpfoten sind sehr aufwendig konstruierte Allzweckwerkzeuge, die ausgesprochen vielfältig und geschickt eingesetzt werden können.

EXTRA
Vibrissen, Tast- und andere Haare

Die auffallend hohe Empfindsamkeit vom Scheitel bis zu ihrer Sohle heißt übrigens nicht, dass Katzen auch sehr schmerzempfindlich wären. Sie stecken so manches klaglos weg.

Nicht nur die Hautoberfläche der Katze ist sehr sensibel, auch an der Basis der Haare, von denen sie Abermillionen trägt, befinden sich Fühlrezeptoren. Jedes noch so winzige Härchen ist an seiner Wurzel von empfindlichen Nervenfasern umsponnen, die es zu einer Art Tastrezeptor machen.

Sinushaare

Besonders auf das Tasten spezialisiert sind die eindrucksvollen Sinushaare, die sich vor allem im Gesicht der Katze befinden. Als Vibrissen umringen sie fächerförmig den Nasen- und Mundbereich, als Tasthaare wachsen sie vor allem um die Augen herum, an den Wangen, auf ihrer Stirn und am Kinn sowie oberhalb der Karpalballen. Einzelne Sinushaare sind über den gesamten Körper der Mieze verstreut – man nennt sie Leithaare. Bereits bei der Geburt der Katzenkinder sind sämtliche dieser Haare gut entwickelt.

Wird ein Tasthaar berührt, schließt das Kätzchen sofort die Augen, damit es nicht verletzt wird.

Haare mit verbesserter Reizregistrierung

Sinushaare sind modifizierte Körperhaare, die jedoch wesentlich länger, steifer und viel tiefer in der Unterhaut verankert sind. Auch das Geflecht an Nervenfasern um ihre Wurzel herum ist dichter, sodass sie schon deshalb empfindlicher reagieren. Außerdem befindet sich an der Basis jedes Sinushaares (anders als bei einem normalen Körperhaar) der sogenannte Blut-Sinus. Das ist ein mit Blut gefülltes Säckchen, das die Reizregistrierung erheblich verbessert. Denn die Bewegungen, die durch das Abbiegen eines Sinushaares hervorgerufen werden, versetzen zunächst die Blutflüssigkeit an seiner Basis in Schwingung. Dann erst treffen sie, deutlich verstärkt, auf die sensiblen Nervenendigungen. Und das beeindruckende Resultat? Bewegt sich ein solches Sinushaar um minimale fünf Nanometer (das ist eine Entfernung, die gerade mal einem 2000stel der Dicke eines menschlichen Haares entspricht), aktiviert das bereits seine ableitenden Nervenbahnen. Ein „ultrazarter" Lufthauch genügt dafür.

Besser als ein Nachtsichtgerät

Die minimalen Luftströmungen können von Beutetieren ausgehen, aber auch an winzigen Hindernissen entstehen. Und so ist es verständlich, dass die fantastischen Haare der Katze bei

Der „Schnurrbart“ ist aufgefächert und nach vorn gerichtet. Er umschließt das Heupferdchen wie eine schützende Hand. Da die Katze auf diese Entfernung nicht mehr scharf sehen kann, benutzt sie ihre Vibrissen, um die Position für den tödlichen Biss zu bestimmen.

der Nahorientierung unschätzbare Dienste leisten, wenn es gilt, unbekanntes Terrain zu durchstreifen, Engstellen zu passieren oder Beute zu schlagen. Dank dieser Haare (und hier insbesondere der Vibrissenhaare, die weit über ihre Wangenknochen hinausragen) ist es den kleinen Schleichjägern auch bei absoluter Dunkelheit möglich, sicher und ohne Anzuecken um jede Barriere herumzumanövrieren. Denn die „Tasthaare“ können alles, was im Weg steht, völlig berührungsfrei wahrnehmen.

Beugen, kippen, strecken …

Im Durchschnitt haben Katzen über ihrer Oberlippe vierundzwanzig Vibrissen (zwölf auf jeder Seite), die in vier horizontal übereinanderliegenden Reihen angeordnet sind. Wie alle Körperhaare können sich auch Vibrissen und Tasthaare aufrichten oder dicht an den Körper anlegen. Während sie ein Objekt erkundet, richtet die Katze ihre Vibrissen fächerartig aufgespreizt nach vorn – ihr „Schnurrbart“ kann das Objekt dabei regelrecht umschließen. Katzen können die Schnurrhaare ihrer linken beziehungsweise rechten Gesichtshälfte sogar unabhängig voneinander bewegen, um das Umfeld zu sondieren. Nicht zuletzt sind die einzelnen Haarreihen in der Lage, sich in unterschiedliche Richtungen zu neigen, was die Feinorientierung abermals verbessert. Allerdings sind nur die Vibrissen derart beweglich, die anderen Tasthaare lassen sich nicht ganz so präzise steuern.

Auf einen Blick

Aus dem Leben einer Hofkatze

Fleur allein daheim

Fleur, noch klein und unerfahren, muss sich, weil sie sich zu weit vom Nest entfernt hatte, Mutter Lillys Standpauke anhören.
Nach ein paar Monaten hat Muttern nichts mehr gegen ihre jagd-sportlichen Alleingänge einzuwenden und das junge Kätzchen nutzt die gewonnenen Freiheiten.

Schleichgänge auf der Wiese sind spannend, aber nicht ungefährlich für eine Miez. Deshalb sind alle ihre Sinne hellwach und die Muskeln arbeiten auf Hochtouren.

Upps! War da was?

Für Katzen, noch dazu solch kleine, lohnt es sich immer, auf der Hut zu sein und beim Wandern über freie Flächen den Blick regelmäßig nach oben zu wenden. Wie schnell könnte ein Habicht auf sie herunterstechen.
Hier ist's allerdings nur der dicke Kater Tom, der sich um die Mama bemüht…

Was Wunder,

dass nach einiger Zeit Nachwuchs auf dem Hof zu vermelden ist: Mama führt ihn aus. Während Lion brav bei Lilly bleibt, eilt Lucy (der Schrecken der Straße, wie wahr!) davon, um Fleur mit freudig in die Luft gerecktem Schwänzchen willkommen zu heißen. Die jedoch ist ob dieser Zudringlichkeit zunächst etwas irritiert, begrüßt die Kleine aber schließlich gebührend und erwidert das Köpfchengeben. Eine dauerhafte Freundschaft ist hiermit allerdings nicht besiegelt, denn Fleur ist Artgenossen gegenüber nicht besonders gesellig. Nur einen liebt sie wirklich von Herzen: den kastrierten Kater Tinker. Mit ihm kuschelt sie oft und inniglich. Tinker ist ohnehin der peacemaker auf dem Hof und auch der „Lieblingstiger" unserer Hunde.

6

Siehst du, was ich sage?

Auf einen Blick

Flexibilität in allen Reihen

Wenn Schnurrhaare erzählen

Angst…!

An der Stellung der Vibrissen lässt sich die Stimmungslage einer Katze ablesen: Ängstliche Tiere legen ihre Schnurrhaare flach nach hinten an. Dabei rücken die einzelnen Haarreihen dicht zusammen und bilden ein Band, das zum Hinterkopf weist. Auch die Lippenspalte gleicht jetzt nur noch einem Strich. Dies alles soll das Gesicht kleiner machen, was für das Gegenüber weniger bedrohlich wirkt und damit eine mögliche Attacke vereiteln hilft.

Dicke Backen

Ganz anders bei starker Erregung: Da bekommt der Stubentiger „dicke Backen", womit sein Gesicht wesentlich größer und abwehrbereiter erscheint. Die mächtig aufgefächerten und weit nach vorn gestellten, deutlich über die Schnauzenspitze hinausragenden (gleichzeitig aber auch weit nach hinten weisenden) Tasthaarreihen tun ein Übriges – allerdings nicht nur mimisch, sondern auch was ihre Erkennungsfähigkeit anbelangt.

Mit aufgeblusterten Backen in den Zweikampf: Die weit aufgefächerten und steif nach vorn gestreckten Vibrissen zeugen (wie die seitlich geneigten Ohren, die peitschenden Schwänze) von „dicker Luft".

So aufgestellt können sie quasi einen Rundumblick gewährleisten und die Katze vor Schaden bewahren.

Ganz relaxed

Eine entspannte Katze hält ihre Schnurrhaare seitlich vom Mäulchen. Oberlippe und Vibrissen bilden sozusagen eine Linie – u. a. auch, weil die Haarreihen jetzt kaum gefächert sind. Manchmal blitzt die Zungenspitze aus dem Mäulchen hervor (gelegentlich hängt sogar die ganze Zungenfläche locker heraus), was dem Kätzchen einen kindlich-naiven Ausdruck verleiht. Weckt irgendetwas ihre Neugierde, richtet sie die Schnurrhaare auf, wodurch diese leicht nach vorn in Richtung des Objekts ihres Interesses zeigen. Die Haarreihen sind dabei etwas stärker gespreizt als im Ruhezustand.

Entspannt und doch aufmerksam durchstreift Lui sein Revier. Seine ausdrucksstarken Vibrissen trägt er ganz relaxt leicht nach vorn unten aufgefächert.

(Die Zunge verharrt nicht selten in ihrer Position, was die Miez ziemlich erstaunt dreinschauen lässt.)

Aufmerksamkeitsbarometer

Daran, wie weit die Schnurrbart-Reihen gefächert werden, lässt sich der Aufmerksamkeitsgrad des Tieres ablesen – sofern man Vergleichsdaten hat. Und diese stehen oft nur zur Verfügung, wenn man eine Kamera bemüht. Denn das menschliche Auge ist meist nicht empfindlich oder geschult genug, den raschen und minimalen Veränderungen schnell genug zu folgen. Doch es lohnt sich, sich einmal Zeit dafür zu nehmen, um auf recht unspektakuläre Weise in das momentane Stimmungsbild seines Tieres Einblick zu bekommen. Zumal man dann auch die feinen Unterschiede mitbekommt mit denen die Barthaare der rechten und linken Gesichtshälfte ausgerichtet werden.

Ihr Interesse wurde geweckt: Das Kätzchen spitzt die Ohren, wendet den Blick neugierig dem Objekt zu, der Schnurrbart ist leicht gefächert und weich nach vorn gerichtet.

Beeindruckend beweglich

Mit den Ohren reden

Das wichtigste Stimmungsbarometer der Katze sind die Ohren. Durch die unterschiedlichen Stellungen der Ohrmuscheln zeigt sie ihren Gemütszustand an.

Wie kleine Radarschirme

Auffällig sind sie, keine Frage – und sensationell beweglich obendrein: die Ohrmuscheln der Katze. Katzen können ihre beiden Ohren sogar vollkommen unabhängig voneinander steuern und in ihrer Position verändern. Sie können sie aufwärts und abwärts kippen, um fast 180 Grad drehen und damit deren Rückseite dem Widersacher entgegenrichten. Was der sogleich unmissverständlich als Drohsignal zur Kenntnis nimmt. Die erstaunliche Anzahl von 32 Muskeln pro Ohr (wir haben gerade mal 6) macht dieses virtuose Ohrenspiel möglich, das den Leisetretern nicht nur zu einer erfolgreichen Jagd oder Flucht verhilft, sondern ihnen auch eine äußerst differenzierte Kommunikation mit ihren Artgenossen ermöglicht. Wir Menschen haben bei genauer Beobachtung ihrer Ohrenstellung die Chance, etwas über ihre Laune und emotionale Verfassung zu erfahren.

Gespannte Aufmerksamkeit: Das Gesicht wirkt jetzt stechender.

Ohrensprache

Ist die Katze zufrieden und entspannt oder ruht sie sich gerade aus, sind ihre Ohren aufgerichtet, aber nicht gespannt. Sie trägt sie dabei eher ein klein wenig nach hinten geneigt mit den Ohröffnungen entweder nach vorn oder etwas seitlich. Erregt etwas ihre Aufmerksamkeit, wendet sie den Kopf dorthin und spitzt die Ohren. Dabei werden die Ohrmuscheln ganz aufgerichtet und durch die Stirnmuskulatur (unserem Stirnrunzeln bei Konzentration vergleichbar) leicht nach innen, also in Richtung Nase, gezogen, wodurch die Ohröffnungen stärker nach vorn gedreht werden. Eben dahin, wo es etwas zu belauschen gibt. Wenn die Ohren dann zu zucken beginnen, ist Aufregendes im Spiel.

Mürrisch oder konzentriert

Drehen sich die Ohrmuscheln leicht nach außen, so, dass (von vorn betrachtet) ein klein wenig der Ohrenrückseite sichtbar wird, ist die Katze angespannt. Es kann sein, dass sie sich gestört fühlt, für einen Moment irritiert, mürrisch oder sogar verärgert ist. Viele Katzen zeigen derartige Ohrenstellungen allerdings auch dann, wenn sie damit beschäftigt sind, angestrengt Kratzmar-

Als Unmutsäußerung will sie die leicht nach hinten gedrehten Ohren verstanden wissen.

Eine defensive und doch verteidigungsbereite Haltung mit zorniger Note.

ken zu setzen oder Duftmarken zu prüfen. Auch hier ist erregte Anspannung und Konzentration im Spiel und zudem noch die soziale Information, die währenddessen (z. B. über Pheromondüfte) wahrgenommen wird und zu entsprechenden Körper- bzw. Verhaltensreaktionen führt. Doch selbst, wenn sie sich putzen, kippen Katzen ihre Öhrchen leicht nach hinten.

Noch unentschlossen

Weiß die Katze eine Situation nicht sofort richtig einzuschätzen, ist sie sich noch im Unklaren darüber, welche Entscheidung sie treffen soll, oder ist ihr im Moment sehr unbehaglich zumute, dann stellt sie gern ein Ohr auf, das andere legt sie an.

Mit eingezogenen Ohren

Bekommt sie es mit der Angst zu tun, senkt die Katze beide Ohren ab und rückt diese meist auch etwas nach hinten. Je größer die Furcht, umso dichter werden die Ohrmuscheln an den Kopf angelegt. Schließlich, in höchster Not, legt sie ihre Ohren fest an die Schädeldecke an oder presst sie regelrecht darauf, um sie vor Verletzung zu schützen. Zudem duckt sie sich unterwürfig, damit sie beim Gegenüber keine unnötigen Aggressionen hervorruft.

Vorsicht, angriffslustig!

Alles andere als defensiv ist es hingegen, wenn die Katze ihre Ohren weit zurückdreht, so, dass deren Rückfronten fast vollständig nach vorn gekehrt sind und die Ohr-Öffnungen seitwärts weisen. Hierbei handelt es sich nämlich um eine aggressiv motivierte Reaktion. Eine Katze, die ihre Lauscher so verdreht, ist aufs Höchste abwehrbereit, wenn nicht sogar angriffslustig. Man sollte sie keinesfalls bedrängen.

→ *Ohrengymnastik*

Schon mit rund drei Wochen sind Katzenwelpen in der Lage, mit ihren Lauschern Geräuschquellen gezielt anzupeilen und zu orten. Regelrechte Ohr-Akrobatik betreiben die Minis in diesen ersten Wochen. Eine überaus nützliche Übung für das spätere Leben, etwa fürs erfolgreiche Beutemachen, denn: Exakt gepeilt, ist halb gefangen.

Aggression pur: Neben den Ohren zeigen das weit aufgerissene Maul (samt Lautäußerung) sowie die Vibrissen, dass mit dieser Katze nicht zu spaßen ist.

Schau mir in die Augen, Kleine!

Lass Katzenaugen sprechen

Die Kontrahenten starren sich an: Eine Methode, um den Ernstkampf zu vermeiden, denn Anstarren gilt bei Katzen als Zeichen der Dominanz.

Katzen vertrauen auf ihren guten Rundumblick und nehmen viel aus dem Augenwinkel heraus wahr bevor sie es fixieren.

Kampfansage starrer Blick

Auch bei Katzen stellt der Blickkontakt eine wichtige Ausdrucksmöglichkeit dar. Wird er allerdings sehr lange und unverwandt aufrechterhalten, etwa vonseiten des Menschen, beginnt sich die Mieze unwohl zu fühlen. Sie blinzelt, schaut weg, schließt die Augen oder leckt sich mit der Zunge kurz über das Mäulchen (alles sogenannte Übersprungs- bzw. Beschwichtigungsgesten), um jetzt nur ja keinen Konflikt heraufzubeschwören. Oder sie macht sich einfach von dannen, um der unangenehmen Situation zu entgehen. Denn Anstarren bedeutet in der Katzensprache: Kampfansage.

Tiefe, liebevolle Blicke

Eine Katze, die das Verhalten ihres Menschen jedoch gut kennt, fordert durchaus sogar von sich aus zu längerem Blickkontakt auf, etwa beim stummen Miau. Sie weiß unsere freundlichen Absichten richtig zu deuten, und auch wir verstehen dieses Anschauen (das unter Umständen von dem einen oder anderen langsamen Augenaufschlag begleitet wird) nicht als Fixieren. Mag sein, dass wir ihr forderndes „Bitten", das dabei so vortrefflich vermittelt wird, sehr wohl durchschauen. Doch bedroht fühlen wir uns währenddessen nicht. Unser rührend bettelndes Kätzchen hält seine Vibrissen entspannt seitlich vom Mäulchen, und es hat, während es uns anblickt, die Öhrchen gespitzt und seine Pupillen erwartungsfroh geweitet.

Gar nicht witzig! – Das Drohgesicht

Zum „Drohgesicht" gehört viel mehr. Neben dem wirklich starren durchdringenden Blick sind das zum Beispiel deutlich zurückgedrehte Ohrmuscheln (so, dass deren Rückfronten ganz sichtbar werden), steif nach vorn gerichtete Schnurrhaare, vielleicht ein zorniges Fauchen und verengte Pupillen.

Die Pupillenweite

Die Größe der Iris-Öffnung, also die Pupillenweite, ist zum einen Gradmesser für die Umgebungshelligkeit. Zum anderen hängt sie auch entscheidend von der Stimmungslage der Katze ab. Bei Angst, aber auch bei Überraschung und in Abwehrstimmung wird die Pupille besonders groß. Bei starker Anspannung sowie heftigen Schmerzen können sich die Pupillen deutlich verengen. Ist die Katze sehr wütend, kann es vorkommen, dass ihre Pupillen sich blitzartig zu einem schmalen Schlitz formen. Ist sie hingegen freudig erregt und zeigt gespanntes Interesse, sind ihre Pupillen in der Regel (je nach Lichteinfall) leicht geweitet.

Faktor Lichteinfall

Die stärkste Aussagekraft über die Befindlichkeit des Tieres hat nicht die absolute Größe der Pupille, sondern deren abrupte Veränderung von weit zu eng und umgekehrt.

→ Phänomen Katzenauge

Im Dämmerlicht weitet sich die Pupille. Je dunkler es ist, umso größer wird sie. Dabei ist die Pupille kreisrund und füllt beinahe die gesamte Augenoberfläche aus. Das Auge wirkt dann fast so, als sei es komplett schwarz gefärbt. Diese reflektorische Reaktion erfolgt, damit möglichst viel Licht eindringen und die Sehzellen am Augenhintergrund erreichen kann. Dies geschieht allerdings auf Kosten der Sehschärfe, weil hierbei große Streulichteffekte auftreten, die das Bild vernebeln. Bei hellem Licht hingegen verengt sich die Pupille. Je stärker der Lichteinfall, umso mehr. Bei grellem Sonnenlicht formt sie (zum Schutz der bei Katzen extrem lichtempfindlichen Netzhaut) nur noch einen winzigen vertikalen Schlitz.

Trotzdem ist eine endgültige Interpretation nicht leicht, denn Licht- und Erregungseinflüsse überlagern sich, sowohl verstärkend als auch abschwächend. Eine zufriedene, entspannte Miez beispielsweise öffnet ihre Pupillen gewöhnlich nur so weit (zu einem leichten Oval), wie es das verfügbare Licht erfordert. Meist ist das nicht auffallend weit, denn Katzen brauchen nur ein Sechstel derjenigen Helligkeit, die wir zum Sehen benötigen.

Diese Katze ist rundum entspannt und locker: Sie hält die Lider halb geschlossen, sogar die Nickhaut (das dritte Augenlid) kommt zum Vorschein.

Für
KIDS

Was der Gesichts-ausdruck verrät

Aus Katzengesichtern kannst du lesen. Du solltest dabei nicht nur auf die Ohren, die Augen oder die Schnurrhaare schauen. Erst wenn du alle ausdrucksstarken Gesichtsmerkmale zusammen betrachtest, werden sie dir verraten, wie ihr im Augenblick zumute ist.

Total entspannt

Ist dein Tier entspannt, hält es die Ohren aufrecht mit den Öffnungen dir zugewandt; seine Schnurrhaare stehen seitlich der Wangen oder leicht Richtung Kinn geneigt. Es sieht dich freundlich an, wobei die Pupillengröße von der momentanen Helligkeit abhängt.

Vorsicht, miese Laune

Eine verärgerte Katze erkennst du daran, dass sie die Ohren zurückdreht, ihre Schnurrhaare steif nach vorn gerichtet hält und die Pupillen verengt hat. Das Tier möchte in Ruhe gelassen werden. Also störe es jetzt nicht! Du könntest gekratzt werden.

Angst!

Weit aufgerissene Augen, erweiterte Pupillen und flach am Kopf anliegende Ohren zeigen dir, dass du es mit einer ängstlichen Katze zu tun hast. Womöglich hat sie auch ihre Schnurrhaare eng an die Wangen gepresst. Bedränge ein solches Tier auf keinen Fall! Seine Furcht könnte in Verteidigungsstimmung umschlagen.

Komm, spiel mit mir!

Ist eine Miez hingegen in Spiellaune, trägt sie die Ohren aufmerksam gespitzt. Ihre Stirn wirkt dadurch viel höher als sonst. Die Pupillen werden vor freudiger Erregung etwas weiter. Die Schnurrhärchen weisen forschend nach vorn – nicht steif, wie bei der ärgerlichen Katze, sondern sanft bogenförmig. Vielleicht fordert sie dich sogar durch drängendes Miauen oder Pföteln (also, indem sie dich mit dem Pfötchen anstupst) zum gemeinsamen Spielen auf.

Kinderspiel für Katzen

Nimm dir also ein Spielzeug (etwa eine an einem Holzstäbchen befestigte Feder) und lass' es vor dem Gesichtchen deiner Katze auf und nieder tanzen. Bestimmt verfolgt sie es mit Interesse und greift mit dem Pfötchen wieder und wieder danach, um es zu angeln. Mit bloßen Händen solltest du übrigens nicht mit deiner Miez spielen. Sie könnte dich im Eifer des Gefechts kratzen (nicht aus Absicht, nur aus Versehen) – und euer Spiel fände damit ein jähes Ende. Das wollt ihr aber sicher beide nicht.

Hundemüde

Ist deine Katze müde und herrlich zufrieden, wird sie sich an einem warmen kuscheligen Platz zusammenrollen, ihre Schnurrhaare entspannen, die Nickhaut (das ist das dritte Augenlid – das du nicht besitzt) über ihren Augapfel ziehen und die Lider mehr oder weniger fest schließen. Lass' sie jetzt ungestört dösen! Dass deine Katze beim Schlummern dennoch „auf Empfang" ist, siehst du übrigens daran, dass ihr Näschen nach wie vor schnuppert und die Ohren aufgerichtet sind.

Beharrlichkeit ist gefragt

Mit der Mieze auf der Pirsch

Beim Anschleichen auf der Jagd signalisiert das Zucken der Schwanzspitze die Anspannung.

Auf der Mauer, auf der Lauer …

Den Körper tief geduckt, die Augen unverwandt auf eine Mulde im Gras gerichtet, jede ihrer Bewegungen geschmeidig und äußerst bedacht ausgeführt, so überquert die gewandte Jägerin die deckungsarme Fläche. Mit einem Mal stoppt sie ihren fließenden Schleichgang und verharrt regungslos – die interessante Stelle im Gartenboden nach wie vor fest im Visier. Zeitlupengleich erhebt die getigerte Kätzin nun ihre samtweiche Vorderpfote und reckt sie der Unebenheit im Untergrund entgegen; langsam, sehr langsam senkt sie diese wieder ab, so, dass ein Fußballen nach dem anderen die Grassode berührt. Für einen Augenblick hält sie konzentriert inne – die spannenden Boden-Nachrichten regelrecht in sich einsaugend.

Beute-Scan

Die Zehen nun deutlich gespreizt beginnt die Kätzin damit, die Pfote behutsam reibend-tastend übers Gras zu bewegen, um sie anschließend auffällig sacht ganz dicht an ihren Körper heranzuführen. Die Pupillen deutlich geweitet, die Ohren gespitzt, die Schnurrhaare sichernd nach vorn gerichtet: Die Anspannung des Schleichjägers kann man förmlich knistern hören …

Achtung, fertig … Mäuselsprung!

Plötzlich schnellt sie vor (präsentiert einen Mäuselsprung, wie er im Buche steht) und landet – den Rücken hoch aufgekrümmt, die nadelspitzen Krallen weit ausgefahren – mit allen vieren gleichzeitig hinter besagter Mulde.

Alle Muskelgruppen angespannt, so katapultiert sich die Miez mittels Mäuselsprung direkt vor das Mauseloch.

→ Jagdscheinkurs für Katzenkinder

Auf die Jagd geht eine Katze allein – es sei denn, es handelt sich um ein Muttertier, das eines oder gleich mehrere seiner halbwüchsigen Kinder im Schlepptau hat, die sich durch Zuschauen viel von Mamas Können abgucken und daraus lernen können.

Erregt beschnuppert sie dort die Grashalme, danach zieht sie von dannen. Auch wenn die Katze diesmal keinen Erfolg hatte, so war's ein willkommenes Training für ihre Muskeln und Sinne.

Ein Ausflug ins Jagdrevier

Auf der Jagd nach Beute durchstreifen Katzen das Gelände mit hellwachen Sinnen. Von Zeit zu Zeit halten sie inne, um das unmittelbare Umfeld abzuscannen – mit den Augen ebenso wie mit dem Näschen und den Ohren. Haben sie etwas Interessantes entdeckt, fixieren sie mit den Augen und schleichen sich an. Pirschjagd nennt man das.

Geduldig am Mauseloch

In bekannter und vertrauter Umgebung machen es sich Katzen oft bequemer und lauern lieber. Ganz gezielt, beispielsweise vor einem Mausloch. Diese Ansitzjagd kann dauern. Eine halbe Stunde ist keine Seltenheit. Doch Katzen beweisen hierbei enorme Geduld. Vorsichtig setzen sie sich vor dem Loch in Position und warten gespannt auf erste Anzeichen einer Regung. Die Öhrchen peilen und sondieren (auf hohe Töne reagieren sie besonders exakt).

Die Augen sind auf schnelle Bewegungen aus. Das Näschen schnuppert unentwegt. Die Vibrissen orten jeden noch so feinen Lufthauch. Dann: Ein Sprung zur Beute – Zugriff mit den Krallen – und (da die Augen auf so geringe Entfernung nicht mehr scharf sehen und keine exakte Tiefenwahrnehmung mehr gewährleisten können) punktgenaue Positionsbestimmung für den tödlichen Biss in den Nacken der Beute mittels Vibrissen.

Zähneklappern

Beim Anblick einer Beute, die gerade nicht zu erreichen ist, machen Katzen manchmal meckernd-schnatternde Geräusche, indem sie ihr Mäulchen leicht öffnen, die Lippen zurückziehen, und die Kiefer schnell öffnen und schließen. Das Zähneklappern ist eine sogenannte Übersprungshandlung, die vermutlich zum Spannungsabbau dient.

Ansitzjagd – ihre Geduld ist fast grenzenlos …

Ein typischer Fall von Schnattern – die Beute ist einfach unerreichbar!

Vergnüglich bis ruppig

Katzenspiel

Das Spiel mit der Beute

Mit dem Beutetier zwischen den Kiefern trottet die Katze nach erfolgreicher Jagd an einen geschützten Ort, um es dort in Ruhe zu verspeisen. Allerdings wird nicht immer gleich gegessen. Nicht selten greifen Katzen ihre Beute zwar mit den Krallen und halten sie mit der Pfote fest, töten sie aber nicht gleich, sondern lassen sie ein Stück weit entkommen, nur, um sie gleich wieder mit einem Pfotenhieb umzustoßen, oder mit beiden Pfoten zu umklammern und in die Luft zu schleudern. Grausam und zugleich spielerisch mutet dieses Verhalten an. Man nimmt an, dass es vor allem bei Jungkatzen dazu dient, die Körperfertigkeiten zu koordinieren und auf diese Weise die jagdlichen Fähigkeiten zu perfektionieren.

Schon die ganz kleinen Katzenkinder trainieren im Spiel mit den Geschwistern ihre Geschicklichkeit.

Wiederbelebt

Manche Katzen üben wirklich. Andere scheinen die Beute eher als eine Art lebendes Spielzeug zu betrachten, das sich bewegt, flüchtet und herrlich anregend quiekt.

Da Hunger und Jagdlust – so konnte man anhand wissenschaftlicher Untersuchungen bestätigen – in unterschiedlichen Hirnarealen der Katze generiert werden, stehen beide nicht zwingend in direktem Zusammenhang. Das heißt: Katzen jagen auch, wenn sie satt sind. Sie lassen ihre Beute oft vor Ort liegen oder sie erwecken (damit das Ganze unterhaltsam bleibt) diese immer wieder zum Leben, indem sie das Tier freilassen. Unbewegtes „Spielzeug" ist langweilig und macht einfach keinen Spaß.

Rasant und zackig

Katzen lieben schnelle Bewegungen mit abrupten Richtungswechseln, auch beim Spiel mit Artgenossen oder Menschen. Mamas zuckender Schwanz löst schon bei den Allerkleinsten entzückte Hüpforgien aus, um ihn zu fangen und darauf herumzukauen. Katzen tippen sich sogar mit den Pfoten gegenseitig spielerisch ins Gesicht – das kann jedoch schnell sehr derb werden und in echte Keilereien ausarten: mit Ohrfeigen verteilen, wütendem Fauchen und einander Nachsetzen. Nun ist Schluss mit lustig, eine echte Auseinandersetzung ist in vollem Gang.

Wenn die Stimmung kippt

Im Spiel werden Verhaltensweisen eingeübt, die aus den Bereichen Jagd, Kampf und Fortpflanzung stammen. Katzen sind recht unabhängig und haben Instinkte, die nicht darauf abzielen, in einem großen Rudel mit fein abgestufter sozialer Hierarchie allzeit geplänkelfrei zusammenzuleben. Daher kann es leicht passieren, dass aus freundschaftlich motivierten Spielaktivitäten unvermittelt Ernst wird. Trotzdem gibt es auch unter den Stubentigern Vertreter, die sich bis weit über das Welpenalter hinaus, ja mitunter zeitlebens, großartig verstehen, und die, so könnte man den Eindruck gewinnen, permanent miteinander kuscheln und Kontakt liegen. Nur miteinander balgen sieht man solche Paare so gut wie nie. Vielleicht, weil sie wissen, wozu gemeinsames „Spielen" führen kann? Sie lecken sich stattdessen lieber gegenseitig.

Zu Trainingszwecken

Oh wie süß!?! Die turbulente Hatz auf Schnüre, nach Bällen angeln oder nach aufgehängten Leckerchen springen ist keineswegs nur drolliges Spiel, es gründet auf nichts anderem als auf dem natürlichen Jagd- und Kampfverhalten. Unseren Miezen ist jedes Mittel recht, um regelmäßig ihre Reflexe zu trainieren und Balance, Schnelligkeit und Beweglichkeit zu verbessern – und dabei auch noch ordentlich Spaß zu haben.

In einem Rudel, das gut harmoniert, spielen selbst die erwachsenen Mitglieder gern miteinander. Meist sind die Spieleinlagen nur von kurzer Dauer.

Balance ist Trumpf

Keine Angst vor großen Höhen

Ihr Sinn für Balance könnte Grund dafür sein, dass es Katzen beim Autofahren selten schlecht wird.

Katzen entwickeln ein unglaubliches Geschick, sich Zugang zum Haus zu verschaffen, notfalls auch übers Dach.

Kinderspiel

Schnurstracks auf den höchsten Baum, ein Sprint über schwankende Äste, ein Seiltanz über schmale Staketenzäune oder ein Spaziergang durch zerbrechlichen Nippes, all das fällt selbst einer älteren Katze kinderleicht. Denn mit einem geschmeidigen Körper voller Tasthärchen und mit flinken Füßen, die sich schlagartig von samtweich in steigeisenartig verwandeln können, kommen Katzen fast mit jedem Untergrund spielend zurecht. Zudem besitzen sie ein bemerkenswertes Gespür fürs Balancehalten, das es ihnen erlaubt, Hochseilakte zu meistern, von denen wir nur träumen können.

Die Sache mit dem Gleichgewicht

Ihr extrem leistungsstarkes Gleichgewichtsorgan – mit Sitz im Innenohr – ist dafür verantwortlich. Dieses Sinnesorgan ist es auch, das es Katzen ermöglicht, sich während eines Sturzes aus größerer Höhe mittels sogenanntem „Stellreflex bei freiem Fall“ wieder zu stabilisieren; das heißt, ihren Körper in der Luft derart herumzuschleudern, dass sie schließlich sicher auf allen vieren landen (und sich dabei meist überhaupt nicht oder zumindest weniger stark verletzen, als dies beispielsweise Hunde tun würden). Normalerweise würde nämlich, der Schwerkraft folgend, der schwerste Körperteil zuerst unten ankommen, also ihr Rückgrat.

Fallen will gelernt sein

Dieser spezifische Reflex ist nicht von Geburt an vorhanden. Er entwickelt sich erst im Verlauf der sechsten Lebenswoche. Bis zu dieser Lebensphase (sowie geraume Zeit danach) haben die jungen Katzen kein sicheres Gefühl für Tiefe, vor allem, weil ihr räumliches

Sehvermögen noch nicht voll ausgereift ist. Außerdem ist ihr Schwänzchen zu dieser Zeit ziemlich ungelenk und nicht gut geeignet zum kräftigen Gegensteuern. Ihre winzigen Krallen sind recht weich, sodass sie schlecht Halt finden. Eine ziemlich gefährliche Zeit für sie. Doch meist wagen es die Kleinen noch nicht, sich weit vom Nest zu entfernen. Und auch die Fürsorge der Mutter hilft, Schaden abzuwenden.

→ Bereit zur Landung

Zeitlupenaufnahmen zeigen, dass eine Katze, während sie in die Tiefe stürzt, zunächst den Kopf anhebt, ihr Gesicht dem Boden zuwendet und den Hinterleib entsprechend nachdreht, womit sie ihren gesamten Körper in die Waagerechte bringt. Der Schwanz dient dabei einerseits als eine Art Kurbel, andererseits als Gegengewicht. Zunächst hält die Katze ihre Beine dicht am Rumpf. Kurz vor der Landung streckt sie sie nach unten und wölbt gleichzeitig ihren Rücken auf. So kann sie den Aufprall abfedern.

Schon in Mamas Bauch beginnt der Betrieb

Der Gleichgewichtssinn entwickelt sich schon wesentlich früher zu katzentypischer Perfektion. Zum Zeitpunkt der Geburt arbeiten die hochsensiblen Sinneszellen des Gleichgewichtsorganes eines Katzenbabys bereits auf Hochtouren. Gilt es für das winzige Lebewesen doch gerade jetzt, schnell Kenntnis über seine Lage im Raum zu erhalten. Ohne tadellos funktionierenden Gleichgewichtssinn wäre das Neugeborene dem Tode geweiht. Wie sonst könnte es seinen Körper aufrecht halten und zielgerichtet die Milchquelle ansteuern? Interessanterweise bleibt diese Sinnesqualität bis ins hohe Alter nahezu unverändert gut erhalten.

Rauf geht es viel leichter als runter. Ein bisschen ängstlich ist der kleine Kater schon, denn er traut sich nicht abzuspringen. Nun muss er solange rückwärts hangeln, bis er sich den Satz zutraut.

Katzensenioren

Erst bei sehr alten Katzen lässt die Leistungsfähigkeit des Gleichgewichtsorgans etwas nach, sodass die Tiere häufiger stolpern oder sich bei früher problemlos gemeisterten Balanceakten unsicher zeigen – sicher auch, weil in diesem Lebensalter andere Sinnesorgane an Leistungskraft einbüßen und sich verschiedene körperliche Gebrechen einstellen. Spätestens dann muss der Halter das Umfeld seiner Katze seniorengerecht gestalten.

Das hintere Ende sagt fast alles ...

Stimmungsbarometer Katzenschwanz

Schlägt die Katze mit dem Schwanz, kann es sich um einen emotionalen Konflikt handeln oder um starkes Interesse an einem Jagdobjekt.

Der Schwanz dient als Balancierstange und hilft der Katze, das Gleichgewicht zu halten. Doch das ist nur die halbe Miete. Denn der Katzenschwanz ist auch ein hervorragendes Kommunikationsmittel. Was er ausdrückt, verstehen nicht nur andere Katzen, sondern auch wir. Denn aus der Haltung und Bewegung des Schwanzes lässt sich durchaus ablesen, was die Stunde geschlagen hat.

Zufrieden bis äußerst gut gelaunt

Eine entspannte, zufriedene und aufmerksame Katze, die ihr Revier inspiziert, hält ihren Schwanz locker, meist leicht nach unten geneigt mit der äußersten Schwanzspitze nach oben weisend. Erregt etwas ihr Interesse, krümmt sie den Schwanz nach oben. Gleicht er dabei einem Fragezeichen, ist die Miez bester Laune und sehr begierig darauf, das Entdeckte zu untersuchen.

Hin- und hergerissen

Kann die Katze das, was sie entdeckt hat, nicht unmittelbar einschätzen, beginnt sie mit der Schwanzspitze zu zucken. Dabei bewegt diese sich schnell und ruckartig hin und her. Die Katze ist buchstäblich hin- und hergerissen, welche Entscheidung sie treffen soll. Die Eindrücke erschrecken sie vielleicht, wecken aber gleichzeitig ihre Neugier.

Dieses Schwanzwedeln drückt keineswegs Freude aus, doch auch nicht zwingend Angriffsbereitschaft. Die Katze befindet sich in einem emotionalen Konflikt. Klärt sich die Situation, und die Mieze hat das Geschehen eingeordnet, hört das Wedeln sofort auf.

Drohender Angriff

Wird das Schlagen des Schwanzes jedoch ausholender, geradezu peitschend, und betrifft nicht mehr nur dessen Spitze, spricht dies für höchste Erregung. Nun ist tatsächlich Ärger im Spiel, der sich möglicherweise zu Aggression hin steigern kann. Ein Angriff ist nicht ausgeschlossen.

Gebogen wie ein Lämmerschwanz

Auch der sogenannte Lämmerschwanz ist ein Anzeichen dafür, dass sich die Katze in einer Konfliktsituation befin-

Beim Spritzharnen

det (Misstrauen, Verunsicherung). Der Schwanz ist hierbei an der Wurzel gestreckt und knickt dann abrupt fast senkrecht nach unten ab. Wenn nun die Spitze zu zucken beginnt, und das Tier seine Hinterhand anzuheben scheint, verheißt das nichts Gutes. Die Katze ist zwar ängstlich, aber auch in einer Droh- oder Abwehrhaltung.

Gesträubt wie eine Flaschenbürste

Fühlt sich eine Katze stark bedroht, verändert sie nicht nur die Haltung ihres Schwanzes. Die Schwanzhaare richten sich nun auf. Ist sie kampfbereit, sträuben sich alle Haare entlang der Wirbelsäule, und der Schwanz, der dann einer Flaschenbürste gleicht, wird aufwärts gerichtet. Alles nur, um möglichst groß und damit furchteinflößend zu wirken.

In Angst und Schrecken

Wurde eine Katze in Angst und Schrecken versetzt – befindet sie sich also in einer Defensivposition –, stehen ihr sämtliche Haare zu Berge, nicht nur die am Schwanz und entlang der Wirbelsäule. Hält sie ihren Schwanz jetzt in einem Bogen über dem Körper, deutet dies auf beginnende Aggression hin. Ist er dagegen nach unten gesenkt, bedeutet das Furcht. Zur völligen Unterwerfung kann eine Katze ihren Schwanz sogar zwischen die Hinterbeine klemmen.

Hallo, mein Freund!

Begegnet die Katze einer befreundeten Katze oder ihrem Besitzer, sieht die Antwort anders aus. Augenblicklich reckt sie den Schwanz steil in die Höhe. Sinn dieses Verhaltens ist es, ihrem Gegenüber die Chance zu geben, bequem den Analbereich zu beschnuppern und sich der gegenseitigen Verbundenheit zu versichern. Anschließend streichen beide Katzen aneinander vorbei und lassen sich gegenseitig die Schwänze über Rücken und Schwanz gleiten. Ebenfalls zum Geruchsaustausch. Das Pendant bei der Begrüßung des Menschen ist das Um-die-Beine-gleiten-lassen ihres Schwänzchens.

Oben: Der peitschende Schwanz des jungen Männchens zeigt, dass es ihm ernst ist. Seine Mutter sieht's gelassen.

Unten: Mit aufgerichteten, umschlungenen Schwänzen signalisieren sich die beiden: „Alles ist gut."

Was der Katzenkörper preisgibt

Katzbuckeln und andere Gebärden

Der Katzbuckel: Schon die Kleinen zeigen ihn. Er drückt Erregung, Furcht und Übermut aus.

Eine Katze, die sich freut, „wächst" und wird kürzer. Eine, die lieber gar nicht da wäre, schrumpft und wird länger.

Katzenbuckel oder krummer Rücken?

Schon als Kitten bewegen sich junge Miezen, während sie ausgelassen miteinander spielen, katzbuckelnd (teils mit gesträubtem Fell) und manchmal seitwärts hüpfend durchs Gelände. Es sieht nach Übermut aus, aber auch nach ein wenig Furcht. Und so ist der eigentliche Katzenbuckel tatsächlich begründet: Er entsteht immer dann, wenn die Katze einerseits den Willen hat, sich zu verteidigen beziehungsweise anzugreifen, obwohl ihr dabei nicht ganz wohl in ihrer Haut ist. Eine Katze, die sich bedroht fühlt, richtet sich mit ausgestreckten Beinen auf und sträubt die Haare über dem Rücken und am Schwanz (Imponiergehabe bzw. Angriffsstellung), gleichzeitig weicht sie mit den Vorderbeinen leicht zurück und krümmt ihren Rücken zu einem kopfstehenden U (Angstgebärde). Den freundlichen „Krummrücken", den unsere Miezen zeigen, wenn sie um unsere Beine streichen und um Zuwendung bitten, ist selbstverständlich kein Katzenbuckel. Das ist bloß Schmeichelei. Denn alle Härchen liegen flach am Körper an und in der Hinterhand herrscht keine erhöhte Muskelspannung.

Aggressive Katzen stellen außerdem die Rückenhaare über der Wirbelsäule auf und legen den gesträubten Schwanz zu einem Bogen, sodass sie noch imposanter wirken. Man zeigt halt alles, was man zu bieten hat.

Selbstbewusst schreitet dieses wenige Wochen alte Kätzchen über den Hof – das Schwänzchen reckt es dabei zur Begrüßung in die Höhe.

Zusammengeschrumpft

Ängstliche, wenig selbstbewusste oder unterlegene Katzen schrumpfen dagegen geradezu in sich zusammen, um möglichst winzig zu erscheinen, und um beim Gegenüber bloß keinen Angriff zu provozieren. Am liebsten wären sie unsichtbar.

Beim Davonschleichen, das äußerst langsam vonstatten geht, machen sie sich möglichst flach und lang, wobei ihr Bauch beinahe den Boden berührt. So robben sie – ebenfalls in Zeilupe – von der Bildfläche. Beim Rückzug senken sie deutlich den Kopf und schauen ihrem Widersacher nicht ins Gesicht. Also Kopf einziehen und nur niemanden reizen oder ärgern, lautet die Devise, um einer drohenden Eskalation aus dem Weg zu gehen.

Auf ihrem Rückzug hat sie sich ängstlich abwartend an ein verschwiegenes Örtchen gekauert.

Die Größe macht's

Katzen, die einen Angreifer abschrecken wollen, machen sich möglichst groß – sie strecken ihre Gliedmaßen durch, richten ihren Körper auf so gut es geht und stellen das gesamte Fell ab, in der Hoffnung ihren Widersacher zu täuschen, damit dieser von einer Attacke absieht. Da ihre Hinterbeine länger sind als die Vorderbeine, wirken sie dabei am Po wesentlich höher als im Nacken. Generell signalisieren gestreckte Beine und ein aufrechter Gang mit erhobenem Kopf Sicherheit und Souveränität, gelegentlich auch Angriffsbereitschaft.

Auf einen Blick

Katzen-Mimik

Entspannt – Gespannt

Ganz entspannt

Eine entspannte Katze, die ihre Umwelt beobachtet. Ihre Ohren sind gespitzt, die Augenlider und Pupillen nur soweit geöffnet wie es die Helligkeit und ihr Aufmerksamkeitszustand erfordern. Die Vibrissen hält sie dabei locker und entspannt.

Wo ist das Heupferdchen?

Steigt das Interesse der Katze , wird auch die Anspannung des Tieres stärker – die Ohren richten sich mit den Öffnungen nach vorn, Augen und Pupillen weiten sich, die Vibrissen kippen weit nach vorn in Richtung des Heupferdchens, das die Aufmerksamkeit der Katze erregte. Die Katze fixiert die Beute mit allen Sinnen, bevor sie die Anspannung mit einem gezielten Satz löst und mit den Pfoten präzise zupackt.

Was für ein Blick

Bin harmlos

Eine typische Beschwichtigungsgeste: Die Öhrchen sind aufgerichtet, die Augenlider etwas gesenkt, die Pupillen eher klein und das Tier blinzelt. Die Vibrissen stehen dicht, sind eher starr ausgerichtet und bilden ein möglichst unauffälliges Band. Die Zunge leckt beschwichtigend über die Lippen. Diese Katze ist etwas ängstlich, unsicher oder nervös und möchte das Gegenüber keinesfalls provozieren. Am liebsten wäre sie gar nicht da, dementsprechend klein und flach macht sie sich auch.

Müder Tiger?

Gähnen nach Herzenslust: Diese Mieze führt mit ihrem weit aufgerissenen Mäulchen nichts Böses im Schilde. Sie ist einfach nur super gut drauf. Sie lümmelt sich in einem leeren Blumenkasten und macht dabei allerhand Faxen. Auch Katzen können albern sein!

Dicke Backen?

Große Augen

Weit geöffnete Pupillen deuten eigentlich auf Angst oder Erregung hin, sind die Ohren aber gleichzeitig gespitzt (wie hier), ist die Katze eher aufmerksam als ängstlich. Denn auch allgemeine Erregung oder die Dämmerung können zu erweiterten Pupillen führen. Das füllige Gesicht dieses potenten Katers kommt übrigens durch seine Geschlechtshormone zustande und ist nicht etwa ein Ausdruck von drohendem Abwehrverhalten.

Katzenknatsch

Gegenseitiges Anstarren, die Ohren zurückgedreht, die Vibrissen starr und vorgeklappt: Hier liegt Ärger in der Luft! Wie es weitergeht, hängt von den beiden Kontrahenten ab: Entweder schleicht sich einer von dannen oder es gibt eine handfeste Rauferei unter Katzen, wobei ordentlich Backpfeifen ausgeteilt werden.

Meine Serviceseite

Zum Weiterlesen

Zum Weiterlesen finden Sie hier eine Auswahl an Katzenbüchern aus dem Kosmos-Verlag:

Bohnenkamp, Gwen und Renate Jones: **Was Katzen wirklich brauchen**. Verhalten verstehen und Probleme lösen.

Federer, Gaby und Martino Rivas: **Spiele für Katzen**. Die schönsten Tricks für Stubentiger.

Grimm, Hannelore: **Wohnungskatzen.**

Halls, Vicky: **Die Katzenflüsterin**. Erfolgreiche Kommunikation, vertrauensvolles Miteinander.

Johnson, Pam: **Katzenpsychologie**. Ratschläge und Erfahrungen einer Katzentherapeutin.

Jones, Renate (Hrsg.): **Das Kosmos Handbuch Katzen**.

Lauer, Isabella: **Meine Katze**.

Leyhausen, Paul: **Katzenseele**. Wesen und Sozialverhalten.

Metz, Gabriele: **Katzenrassen**.

Metz, Gabriele: **Was Samtpfoten glücklich macht**. Haltung, Pflege, Beschäftigung.

Seidl, Denise: **Mit Katzen leben**. Richtig pflegen, füttern und beschäftigen.

Seidl, Denise: **Spiel & Spass für Katzen**.

Theby, Viviane: **Clickern mit meiner Katze**. Der Trick mit dem Click – Katzen spielerisch erziehen.

Turner, Dennis: **Turners Katzenbuch**. Wie Katzen sind, was Katzen wollen.

Nützliche Adressen

1. Deutscher Edelkatzen-Züchterverband e.V. (DEKZV)
Berliner Str. 13
35614 Asslar
Tel: 06441-8479
Fax: 06441-87413
www.dekzv.de

Österreichischer Verband für Zucht und Haltung von Edelkatzen (ÖVEK)
Liechtensteiner Str. 126
A-1090 Wien
www.oevek.at

Féderation Féline Helvétique (FFH)
Solothurner Str. 83
CH-4053 Basel
www.ffh.ch

Zum Weiterclicken

www.welt-der-katzen.de
Auf dieser Homepage finden Samtpfotenfreunde alles, was sie wissen wollen.
www.katzen.de
Noch eine Homepage mit allerhand Tipps rund um die Katze und großem Katzenforum.
www.katzen-in-not.de
Sie wollen eine Katze bei sich aufnehmen? Hier gibt es liebenswerte Stubentiger, die ein Zuhause suchen.

KOSMOS Infoline

Hannelore Grimm kann sich ein Leben ohne Katzen gar nicht vorstellen. Schon seit ihrer Kindheit hält sie Katzen und teilt ihr Zuhause ständig mit den Samtpfoten. Viele Jahre hat sie selbst Katzen gezüchtet.
Hannelore Grimm hat den ersten Teil des Buches zur Haltung eines Kätzchens geschrieben.

Dr. Brigitte Rauth-Widmann ist promovierte Diplom-Biologin und Buchautorin. Heute lebt sie zusammen mit ihrer Familie, drei Hunden und sieben Katzen auf einem Hof im Westerwald und beschäftigt sich intensiv mit dem Verhalten ihrer Vierbeiner.
Dr. Brigitte Rauth-Widmann hat den zweiten Teil des Buches zur Katzensprache verfasst.

Sie können sich mit Ihren Fragen an unsere Autorinnen wenden. Schreiben Sie an die KOSMOS-Infoline.

KOSMOS Verlag
„Heimtier-Infoline“
Postfach 10 60 11
70049 Stuttgart
heimtier-infoline@kosmos.de

Register

Bildnachweis

Die Farbfotos für den ersten Teil des Buches (Seite 1-5 und 8-71) wurden von Ulrike Schanz extra für das Buch angefertigt. Weitere Aufnahmen von Juniors Bildarchiv (S. 17, 20 links, 21).

Die Farbfotos für den zweiten Teil des Buches (Seite 6/7 und 72-144) wurden von Karl-Heinz Widmann extra für das Buch aufgenommen. Weitere Farbfotos von Doreen Baum/Picani (S. 126 oben, 126 unten rechts und links), Silke Klewitz-Seemann/Picani (S. 127 Mitte rechts beide, 127 unten links), Kerstin Lührs/Picani (S. 80, 123 rechts), Annie Sommer/Picani (S. 127 oben), Alexandra Wernsmann/Picani (S. 127 Mitte links) und Ralf Widmann (S. 117 Mitte).

Impressum

Umschlaggestaltung von eStudio Calamar unter Verwendung von Farbfotos von Sabine Rath (Vorderseite) und Gabriele Metz/Kosmos.

Mit 314 Farbfotos.

Alle Angaben in diesem Buch erfolgen nach bestem Wissen und Gewissen. Sorgfalt bei der Umsetzung ist indes dennoch geboten. Verlag und Autorinnen übernehmen keinerlei Haftung für Personen-, Sach- oder Vermögensschäden, die aus der Anwendung der vorgestellten Materialien und Methoden entstehen könnten.

FSC www.fsc.org MIX Papier aus verantwortungsvollen Quellen FSC® C022125

Gedruckt auf chlorfrei gebleichtem Papier

ISBN 978-3-440-12750-6
Redaktion: Alice Rieger
Redaktion des Doppelbandes: Angela Beck
Gestaltungskonzept: solutioncube GmbH, Reutlingen
Gestaltung & Satz: Atelier Krohmer, Dettingen/Erms
Produktion: Eva Schmidt
Printed in Germany / Imprimé en Allemagne